高情商是训练出来的

如何成为一个优秀的人

陶敏义◎著

EQ

中国纺织出版社有限公司

内 容 提 要

　　我们所处的这个时代，社交圈子越来越重要。情商高的人能够把话说到对方心坎上，把事情做到点子上，在人际关系中如鱼得水。高情商并不是与生俱来的，是可以通过后天训练出来的。本书共分为三篇，第一篇理念篇，帮助读者更好地认识情商，以及情商对个人成长和发展的重要性；第二篇训练篇，通过科学、健康的方法，帮助每一位想要提升情商的读者，从自我察觉、自我管理、自我激励、换位思考、合理表达五个方面入手，逐步进行扎实训练；第三篇提升篇，从实战方面入手，包括社交、职场、家庭方面的情商运用，为读者带来极具实用性、可行性的操作方法。学习本书，可以帮助读者摆脱情绪化思维，抑制情绪化行为，迅速提升情商，成为更优秀的人。

图书在版编目（CIP）数据

　　高情商是训练出来的：如何成为一个优秀的人/陶敏义著. --北京：中国纺织出版社有限公司，2023.1
　　ISBN 978-7-5229-0040-7

　　Ⅰ．①高⋯　Ⅱ．①陶⋯　Ⅲ．①情商－通俗读物　Ⅳ．①B842.6-49

　　中国版本图书馆CIP数据核字（2022）第208708号

策划编辑：曹炳镝　于　泽　　　责任编辑：史　岩
责任校对：高　涵　　　　　　　责任印制：储志伟

中国纺织出版社有限公司出版发行
地址：北京市朝阳区百子湾东里 A407 号楼　邮政编码：100124
销售电话：010—67004422　传真：010—87155801
http://www.c-textilep.com
E-mail：faxing@c-textilep.com
中国纺织出版社天猫旗舰店
官方微博 http://weibo.com/2119887771
天津千鹤文化传播有限公司印刷　各地新华书店经销
2023 年 1 月第 1 版第 1 次印刷
开本：710×1000　1/16　印张：14
字数：146 千字　定价：58.00 元

自从著名心理学教授丹尼尔·戈尔曼提出"情商"概念之后，情商在心理学领域备受关注，人们对情商的研究也越来越广泛。但这一切都是为了人们在日常生活、工作和社交当中能够更好地运用情商，轻松应对各种关系、破解各种尴尬局面。

那么，什么是情商呢？情商，即情绪智力。情商与人的心理素质密切相关，它是一个人感受、管理和调节自我情绪的能力。情商的本质就是识别自我情绪、控制自我情绪、激励自我并运用换位思考、合理表达的方式处理和他人关系中的情绪的能力。

生活中，每个人都会因为外界因素的影响产生各种各样的情绪，情商高的人和情商低的人之间的差别，就在于情商高的人懂得控制自己的情绪。

我们在与家人、亲戚、朋友、同事等相处时，如果情绪暴躁不能自控，最后导致说错话、做错事，引来别人的厌恶和不满，事后往往对自己的所作所为懊悔不已。其实这就是情商不高的表现。如果一味地放任自己的情绪，随心所欲地发泄，自己最后就会被别人疏远，沦为孤家寡人。

当一个人的情绪得到适当控制时，他就能够让自己冷静下来，重新思考当前面临的这件事情如何处理才是最合理的，从而让对方感到舒服。这样的人是拥有高情商的人。当然，高情商并不是溜须拍马，这些只能算是投机取巧而已，算不上高情商。

高情商的人总是善于与人沟通，能把话说到对方的心坎上，把事情做到点子上。这样的人必定拥有好人缘，他们在与人交往的时候，能合理应对各种复杂的局面，也因此赢得人们的钦佩和羡慕，成为别人想要成为的人。

情商和智商共同影响一个人的人生发展方向，但情商的重要性要远大于智商，可以说："智商决定人生的起点，情商决定人生的高度。"或许在二十年前你还在上学的时候，觉得智商很重要，决定了你掌握学识的速度和能力，但在你走出校园步入社会之后，就会发现，其实与智商相比，情商尤为重要。你能否在人际关系的平衡中如鱼得水、你能否把事情做得漂亮、赢得上司的器重、你能否与同事构建良好的合作关系，这些都与你的情商密不可分。

本书共分为三篇，第一篇理念篇，帮助读者更好地认识情商，以及情商对个人成长和发展的重要性；第二篇训练篇，通过科学、健康的方法，帮助每一位想要提升自我情商的读者，从自我察觉、自我管理、自我激励、换位思考、合理表达五个方面入手，逐步进行扎实训练；第三篇提升篇，从实战方面入手，包括社交、职场、家庭方面的情商运用技巧，为读者带来极具实用性、可行性的操作方法。

本书从心理学角度出发，深入分析和辩证人处于不同情绪时的心理特点，再结合现实生活中的事件进行论证和实践，力求每一个方法都能让每一位读者看得懂、学得会、用得上。在理论与实践相契合的基础上，让每位读者的情商得到有效提升。

希望本书能帮助读者摆脱情绪化思维，轻松驾驭情绪化行为，迅速提升个人情商，成为一个极具魅力的高情商人。

陶敏义

2022 年 7 月

/ **目 录** / Contents /

第二篇 训练篇

第三篇　提升篇

第一篇　理念篇

第一章　认识情商：情商内容知多少

　　在人际关系中，有两个词经常被人们拿来讨论，一个是教养，另一个是情商。有的人认为，行为处事大方得体，分寸感十足，是一个人有教养的体现，但从更深层次来看，这其实是一个人高情商的体现。情商高的人一定有教养。但情商高的衡量标准是什么？情商的内涵是什么？你对情商的认知究竟有多少呢？本章给你想要的答案。

什么是情商

我们在生活和工作中，总会遇到一些说话做事让人感到舒服的人，也总会遇到一些一句话能把人"噎死"的人。与那些让人感到舒服的人相处往往能感到身心愉悦，让人想靠近；相反，对于那些让人感到不舒服的人，人们避而远之。其实，这两类人之所以给人带来不同的感受，是因为他们的情商不同。

在心理学领域，情商是一个被十分重视的研究领域。

1. 情商的定义

什么是情商呢？情商，即情绪商数，简称 EQ，是与智商（IQ）相对应的一个概念。情商是指个体准确觉察自己及他人的情绪，理解人际关系中所表达的情感信号，以及管理自己和他人情绪的能力。情商主要指一个人在情绪、意志和耐受挫折方面的品质。情商不是天生就有的，更多的是靠后天习得的。

情商的定义有很多，最为粗浅的理解就是：情商是一种通过控制自己的情绪来处理人与人关系的能力。

一个情商高的人，能够成熟地控制自己的情绪和情感，同时具备了调节别人情绪的能力。

2.情商的五大基本要素

整体来说，情商的基本要素分为两个部分，即对内和对外。具体基本要素如下：

（1）对内

情商的基本要素中，对内要素是针对个体本身而言的，主要包括：

①自我觉察。自我觉察，是指当某种情绪一出现时，便能自我察觉到，并能有效识别自己的情绪。人类的情绪有愤怒、悲哀、恐惧、焦虑、幸福、快乐、厌恶、羞耻等。能对自我情绪察觉的人，往往能感知到自己情绪的变化，他们十分明白自身情绪的变化会对自己和他人产生怎样的影响。他们拥有积极的人生观、健康的心理，一旦感知到自己情绪低落，绝不深陷其中，而是努力跳出重围。

②自我管理。生理冲动会引发情绪波动。如果我们无法管理好自己的情绪，任由自己的负面情绪发展下去，那么后果不堪设想。善于控制自己的情绪，经常自我反省，可以有效克服自身弱点，进一步完善自我。即便身处糟糕的境遇，也能泰然处之，顺势应变。

③自我激励。想要成为自己希望的样子，就需要有内驱力，也就是人们常说的自我激励来推动。善于自我激励的人，往往能把握自己的愿景、价值观和目标，能控制好自己前进的方向。

（2）对外

对外要素是针对他人而言的，主要包括：

①换位思考。换位思考，就是要识别他人的情绪，感知他人的需求和感受，这是一种最基本的人际关系能力。只有换位思考，才能感人之所感，知人之所感，才能知道如何与他人更加融洽地交往和沟通。

②合理表达。对人际关系的把握，在于借助情商技巧进行合理表达。健康的表达模式，需要在袒露真实自我的基础上，运用社交技巧，在使得别人感到舒适的基础上，获得别人的认可，赢得别人的尊重。带有目的性的友善社交，往往能引导他人按照你希望的方向前进，这就是情商的魅力。

3. 情商的功能

（1）识别、评价和表达功能

情商表现为对自己情绪的及时识别，明确自己情绪产生的原因，还能借助语言和非语言（面部表情、身体表情）手段，表达自己的情绪。

除此以外，人们不但可以识别自己的情绪，还可以察觉他人的情绪，理解他人情绪背后的态度，准确识别和评价他人的情绪。情商的这一功能，对我们的生存和发展起到了十分重要的作用，使得人与人在相处过程中能够相互理解，进而建立良好的人际关系。

（2）解决问题的功能

有研究表明，人们在解决相关问题的过程中，情商可以影响认知效果。

高情商的人在面对问题时，会审视整个问题，会考虑各种可能的结果，重新分配注意力，把注意力集中在问题的关键部分，并创造性地解决问题。

4. 情商对人生的重要性

情商高的人往往比较注重感情，做事能为对方考虑；做事灵活，不死板；有包容别人过失之心，不记仇。

情商低的人容易紧张，情绪激动，思想消极；只看表象，敏感多疑；不懂自我反思和自我反省；总是心理不平衡，用过激的行为伤害或诋毁别人。

总之，情商高的人总是积极向上，阳光自信，充满爱；情商低的人总是消极冲动，容易得罪人和伤害他人。高情商的人之所以更受人们的欢迎，是因为这类人能够对自己和他人的情绪做出准确的判断，并能在此基础上调整自己的言谈举止。低情商的人则无法认知自己和他人的情绪，容易让自己的内心陷入困境当中不能自拔。最终的结果是导致人际关系坍塌，个人情绪崩溃，做出一些伤害自己、伤害他人的可怕行为。

情商是一种表达情感的艺术，情商对人生乃至整个社会的重要性毋庸置疑。如果我们想在未来有所成就，那么我们必须从此时此刻关注并学会情商的培养与自我修炼。

情商与情绪关系解读

既然情商与情绪息息相关，在明确情商与情绪关系之前，我们先从认识情绪开始。

1. 认识情绪

（1）什么是情绪

情绪是指人们受到外界事物的影响而在生理上的情感体现，包括喜、怒、忧、思、悲、恐、惊；在行为上表现为高兴时手舞足蹈、愤怒时咬牙切齿、忧郁时茶饭不思、悲痛时泪流满面……这些都是个人情绪宣泄的表现。

（2）情绪产生的原因

情绪的产生，主要源自以下几方面：

①性格态度。如果两个人的性格完全不同，那么在相处过程中，双方的态度和处事风格很可能会令对方难以接受，交往中产生情绪的可能性大大提高。

②环境刺激。外界环境的变化或不如意会影响人的情绪。例如，在需要安静时环境却十分嘈杂；在做一件事情的时候困难和阻碍重重等，这些

会让人变得烦躁和不快。如果所处的环境是之前所熟悉的并产生过伤感情绪，则会诱发人的悲伤情绪。

比如，之前与男朋友就是在这家咖啡厅的这张桌子分手的，此时一走进这家咖啡厅，看到那张桌子，就会有感触，引发悲伤情绪。

③情绪唤醒。情绪唤醒，是指自我认知对外界事物进行加工后产生情绪。

比如，有人在看电视或电影的时候，看到某个情节会感动得泪流满面，也会因某个情节捧腹大笑。

④情感诱发。只有在我们情感范围内的人或事，才能激发我们明显的情绪变化。情感与情绪是一体两面的。当我们对一个人有情绪的时候，证明我们对他有情感；当我们对一个人有情感的时候，我们就容易对他产生情绪。简单来讲，越是和我们离得近的人，我们越容易因嫉妒、羡慕、生气、愤怒等产生各种情绪反应。而那些离我们很遥远、毫不相干的人，不论其变得好与坏，我们都不会产生任何情绪。

比如，当身边的朋友、亲人取得了成功时，我们会兴奋和开心不已。但如果一个与自己毫不相干的人，无论取得了什么样的成功，获得了什么样的财富，我们都没有任何情绪变化。

⑤认知偏见。当两个人对同一件事情持有不同认知的时候，就可能因此而产生分歧，最后导致双方都产生不良情绪。

⑥思维观念。人与人之间的思维观念是存在一定差异的，思维观念不同的人，在相处的过程中，内在表现为不同的心理变化，外在表现为不同的情感宣泄。

（3）情绪的内部表现

情绪的内部表现主要是生理上的变化，如紧张时呼吸加快，心跳加速、血糖升高、血压升高等；惊恐时呼吸暂停、脸色发白、出冷汗等。

有关研究表明，人的呼吸频率在消极悲伤时是 9 次 / 分钟，在兴奋时是 17 次 / 分钟，在愤怒时是 40 次 / 分钟。当情绪出现变化时，脑电也会随着发生相应的变化。情绪的变化，总是带来相应的生理活动指标的变化，因此，人们可以用这些指标来了解和判断一个人的情绪变化。

（4）情绪的外部表现

情绪除了会引发生理上的变化，还会引发外在身体相应的变化，主要表现在：

①面部表情。人的面部表情是十分丰富的，不同的情绪会通过不同的面部表情展现出来。

比如，在愉快时，眼睛眯成月牙状，嘴角向上扬起；在悲伤时，面部松弛，眉毛紧皱，眼睑下垂，嘴角下垂；在惊讶时，眼睛睁大，瞳孔放大，眉毛上扬。

②身段表情。身段表情，是指面部表情之外，包括头、手、足在内身体其他部位的表情动作。

比如，在高兴时手舞足蹈，在悔恨时捶胸顿足，在羞怯时扭扭捏捏，在恐惧时瑟瑟发抖。

③语言表情。语言表情，即情绪通过语言的声调、节奏、速度方面的表现。

比如，在高兴时声音洪亮、掷地有声；在悲伤时声音低沉、节奏缓慢。即便是同样一句话，不同的声调、语气、节奏，会呈现出不同的含义。比如"你谁呀"，用平缓的语调来说，主要表达的是问对方是谁；如果在"谁"字上加强语调，则给人一种蔑视感。

2. 情商与情绪的关系

情商和情绪之间到底是什么样的关系呢？

（1）控制情绪可以提高情商

每个人的情绪都会时好时坏。卡耐基说："学会控制情绪是我们成功和快乐的要诀。"很多人一喜一怒都挂在脸上，有人认为这是没有心机的表现，其实不然，这是情商低的表现。正所谓"喜怒不形于色"，能够很好地管控自己情绪的人，都是情绪控制的高手，是真正情商高的人。

小莉大学毕业后进入一家不错的公司，工资待遇优厚，工作环境优雅。她大学的闺密一直都很羡慕她的工作。

　　一天，小莉写的演讲稿令领导很不满意，硬着头皮改了六七次后，依然被领导批评得体无完肤，还说她不是搞文字的料，就直接把工作交给了与她一同进公司的小江去做。小莉感到委屈极了，觉得领导在故意刁难她。小莉再也抑制不住内心的怒气和不满，和领导嚷嚷了起来："不就是想撵我走吗？我还不想伺候了呢！"于是小莉不听同事劝说，立马向人事部递了辞职信。

　　晚上回到家，小莉冷静下来后，开始对自己的冲动行事后悔莫及。毕竟这个公司很多人想进却进不来，自己却这样冲动地把工作辞了。但现在小莉后悔也无济于事了。

　　工作做得不到位，被领导批评是常有的事，但如果在情绪波动的时候做出决定，事后往往让人后悔不已，最后损失的还是自己的利益。如果情绪不好，不妨问问自己，为什么不开心，是不是自己把有些事情想得太严重，或者自己会错了意。小莉首先犯的错误在于她没有跟领导进行深度沟通，就开始写演讲稿，自然难以深得领导之心。其次，小莉在面对挫败的时候，没有冷静处理，而是选择了冲动对待。试想，如果小莉能够压制自己内心的冲动和怒火，平心静气地找领导好好谈谈，弄清领导的需求，然后以领导需求为原则重新构思演讲内容，那么事情的结果必然大不相同。

　　换个想法，换个心情，用定力克制自己的冲动，控制好情绪，否则对你没有任何积极的作用。久而久之，你就能跟身边的人更加融洽地相处。

总之，提升个人情商，就是练就个人心智。只有通过提升自己的情绪、语言表达方式、做事方法，才能与人相处的时候让人感到舒服，让自己快速取得成功。

（2）情商可以调节情绪

人的一生中，不如意之事十有八九，产生负面情绪是人之常情。但情绪是需要调节的，借助情商，可以有效调节我们的负面情绪，将无法控制的情绪变为可以控制的情绪。

林肯做总统的时候，陆军部长向他抱怨受到了一位少将的侮辱。林肯给这位陆军部长的建议是：写一封尖酸刻薄的信，作为回敬骂回去。

陆军部长写好信后，正要把信寄出去，林肯问："你在干吗？"

这位部长回答道："当然是寄给他啊！"

林肯急忙阻拦道："快把信烧了。我生气的时候也是这么做的，写信就是为了解气。如果你心里感觉还不爽，那就再写，直到写舒服为止。"

显然，林肯是一个情商很高的人，当内心产生负面情绪时，他借助写信的方式来调节自己的情绪，将坏情绪疏导与释放出去。

其实，我们每个人都应当像林肯一样，学会用情商调节自己的负面情绪。只有内心宁静、放下一切，才能重新塑造更好的自我。

情商与智商关系分析

长期以来，人们一直将智商作为衡量一个人才智的标准。一个人的处事态度和应变能力，反映的不只是这个人的智商，还有情商。

在管理领域，那些受过高等教育的管理者，他的智商使他拥有了较高的学识，使他顺利地进入一个单位并从事某一项重要的工作。如果他情商高，适应环境能力强，能够很好地处理与同事、上司以及外界的关系，并且不会因为外界影响而内心膨胀或自卑，在遇到挫败时能快速走出失败重新出发，能在为人处世的过程中不断提升自我心理素质，那么他的智商和潜能就能得到充分发挥，并在工作中游刃有余，走向成功。

反之，如果一个人智商足够高，但却因此而自负，表现出较低的情商，那么他必定孤芳自赏，难以融入社会、融入集体。一个自我孤立的人，单枪匹马很难获得成功。

由此可见，一个人成功与否，情商与智商一样重要。

1. 认识智商

什么是智商呢？

智商，即智力商数，也叫作智能，是用来表示智力水平的工具，也是测量智力水平常用的方法。智商高低，反映的是一个人智力水平的高低。

2. 情商和智商的关系

情商和智商共同组成人们人生和事业成功的重要基础，二者之间的关系如下：

①智商对情商具有决定性作用，如果没有一定的智商做基础，情商也不会很高。

②智商对情商具有非决定性作用，即智商高的人，情商不一定高；情商高的人，智商可能会很高。

情商和智商互补，才是成功的关键。

3. 情商与智商对比

情商与智商都是人的重要心理品质，都是一个人成功的重要基础。但两者之间是有区别的，如表1-1所示。

表1-1　情商与智商之对比

对比项	情商	智商
心理品质对比	反映的是人们对事物的感觉、理解，以及控制情绪与意识的能力	反映的是人们对事物的认知、思考、观察、理解，即辨别、推测、决断的能力
作用对比	主要与非理性因素有关，它影响着认识和实践活动的动力	主要在于更好地认识事物
特征对比	更多地反映个体的社会学特性	更多地反映个体的生物学特性
行为模式对比	是感性行为的反应	是理性行为的反应

4. 情商和智商的二八定律

纵观古今中外，凡成大事者，不但智商高人一等，情商也超乎寻常。情商和智商对于人们的重要性显而易见。那么，情商和智商哪个更重要呢？

很多人认为，一个人的命运主要取决于智商，但事实并非如此简单。智商高的人不一定会成功，他们的生活也未必会一帆风顺。在现实生活中，智商为180的人，也有可能为智商100的人工作。

有人借助情感、智商的相关理论专门做过一项实验，对他的下属进行分析后发现，那些工作绩效高的员工的确不都是具有高智商的人，而是那些情绪传递得到回应的人。这表明，那些能够敏锐了解他人情绪、善于控制自己情绪的人，更有可能得到自己需要的工作，也更容易在事业上取得成功。

曾国藩是中国古代史上十分有影响力的人物。他小时候并不聪明，甚至称得上愚笨。

有一天晚上，他在家背诵一篇文章良久，依然没有背下来。这时候，家里来了一个小偷，潜伏在屋檐下，想等曾国藩睡着后顺走点好处。但没想到的是，他等了很久，曾国藩没有丝毫睡意，还是翻来覆去地背诵那篇文章，以至于那个小偷等得不耐烦了，生气地说道："就这种水平还读什么书？"然后将那篇文章背诵了一遍，随即扬长而去。曾国藩被这突然发生的事情惊呆了，等到那小偷逃走之后才反应过来。他哑然一笑，心想："这个人好厉害，听了几遍就能背下来了，看来我还是不够用功，还需要继续苦读才行啊！"

曾国藩凭借自己的恒心和韧劲，造就了自己成功的人生，被称为"晚清第一名臣"。

曾国藩任职期间，始终保持着清廉的作风，但对别人却宽厚大方，时常给别人送礼，以此保持与同僚之间的人情往来。有人给曾国藩送礼时，曾国藩不会直接拒绝，而是用一种很特别的方式收礼。在他过生日时，下属送他很多珠宝，他连连称赞后只留下一个圆顶小帽，其他都退还给下属。这样既保持了自己的原则，又不会使下属太难堪。

曾国藩虽然在幼年时期智商并不高，但他在官场中充分发挥了情商的作用，在"原则"与"为他人着想"之间取得了平衡，这就是曾国藩的成功之处。情商较高的人，在人生的各个领域都能占得优势，无论职场、家庭还是人际关系、命运主宰方面，其成功的概率都比较大。

具体来讲，情商与智商相比，其重要程度究竟有多大呢？

著名心理学家、"情商之父"丹尼尔·戈尔曼认为，在人成功的要素中，智力因素和情感因素，前者占20%，后者占80%。为此，丹尼尔·戈尔曼给出了一个公式：100%成功＝20%智商＋80%情商，并据此提出了著名的智商与情商的"二八定律"。这意味着，人的一生，20%由智商决定，80%由情商主宰。

由此可见，情商比智商更重要。从某种意义上来说，情商可以决定一个人能走多远，能取得多大的成功。想成大事者，在智力过人的同时，历练情商是至关重要的。

认清情商的三大误区

很多人对于情商的理解，其实还是有失偏颇的，甚至还存在一些误区。常见情商误区有以下三方面：

1. 高情商就是察言观色、会说话

在生活和职场中，经常会遇到一些会说话的人，这类人的普遍特点就是：察言观色，善于言辞。很多人会发自内心地佩服这样的人，羡慕他们的说话方式，并认为这些就是高情商的表现。其实这样的思想是不正确的。因为这类喜欢察言观色、会说话的人，往往缺少正能量的能力。换句话说，他们只是在利益的驱使下去迎合对方、讨好对方。真正的高情商者，是那些会认真聆听并提出自己的合理意见，能用合理的语言来处理生活和职场中遇到的问题，赢得对方认可的人。

一家公司的市场部有这样一位廖主任，他面貌精致，身材高挑，能歌善舞，能说会道，每次一开口就像嗓子里含着一块糖，甜而不腻。

廖主任 25 岁就当上了市场部主任，负责接待和公关。在饭局上，她既会喝酒，又会聊天，还能一展歌喉，活跃气氛。很多人认为廖主任的情商高。

廖主任虽然能吞得下委屈，弯得下腰，但她这种在生意场上的处事风格并不能称为情商。

因为，会说话只是一种处理人际关系的能力。如果用一种讨好别人的心态与人交往，这就是在委屈自己、迎合他人，这并不是高情商的表现。

2. 情商就是八面玲珑、有心机

人们经常会认为，那些人际交往能力高超的人，往往八面玲珑、有心机，因此他们朋友多、路子广，这类人一定是情商高的人。

人际交往过程中，八面玲珑和有心机的人，往往会见机行事，甚至不惜隐瞒实情而口是心非、言行不一，从而达到利己的目的。这类人，虽然看着朋友多，真心相待的却寥寥无几。而情商高的人，往往能十分敏感地捕捉到别人的情绪，掌握说话的分寸和内心表达。他们在与人相处的过程中，获得的是别人的真心。

3. 情商低的人性格内向

生活中，我们总会遇到一些性格内向，难以快速与他人打成一片的人。在大家热火朝天地聊天时，在大家积极参与活动时，他们或是默默低头不语，或是在一旁张望。因此，这类人往往被认为是"不合群""情商低"。将一个性格内向、不善言辞的人，等同于情商低的人，这似乎已经成为人们的共识。但事实并非如此。

幼儿园里，有一个小孩子特别内向，她很少与其他小朋友一起玩耍。

为了改变这个孩子内向的性格，老师特别指派这个孩子给班里的每个小朋友找到他们最喜欢的小伙伴。

没想到的是，一向内向的小女孩虽然每天待在角落自己玩耍，却能准确地知道其他小朋友中哪些关系最好。

这说明，这个看似内向的小女孩，能通过细致的观察，准确理解他人的情绪波动。因此，她能准确找出那些在一起玩时十分开心的小朋友。事实上，这个内向的小女孩才是班里情商最高的那一个。

显然，情商高低与性格内向还是外向并没有直接关系，因此不能单纯地从一个人是内向还是外向来判断其情商的高低。

第二章　驾驭情商，你会变得更优秀

　　遇到相同的困境，内心强大的人平静如水，泰然处之；内心脆弱的人暴跳如雷，惊慌失措。任何人都摆脱不了自己的情绪，真正情商高的人，知道如何驾驭自己的情商，增加自己的幸福感，使自己变得更优秀。

情商决定人生成败

情商是心理学中的一个概念，主要指人在情绪、情感、性格、意志、交际等方面表现出来的品质，反映的是一个人控制自我情绪、承受外界压力、把握心理平衡的能力。

关于情商，近年来，相关科学家们研究发现：一个人在成长的道路上，最终能否成为一个出色的人、有成就的人，并不完全取决于智商，情商往往起着非常重要的作用。丹尼尔·戈尔曼认为："情商是决定人生成功与否的关键。"

有人曾对750位百万富翁做过调查，结果表明：使他们成功的因素，如"严格遵守纪律""诚实对待所有人""与人友好相处"等，都属于情商范畴。事实上，很多事业有成的人都有极高的情商。

刘邦与项羽按照盟约规定，谁先第一个攻下城池，谁称王。当时刘邦率先攻下了秦都咸阳，项羽非常恼火。当项羽的大军到达函谷关后，看到关上有士兵守着不让进去，守关将士说自己是奉刘邦之命，无论谁都不准进关。此时，项羽更加生气，觉得刘邦不讲理。

刘邦手下有个叫曹无伤的将官，想要投靠项羽，就偷偷派人去项羽那里告密，说刘邦进入咸阳，想在关中做王。项羽听后，为刘邦设下鸿门宴，想要诛杀刘邦。

项羽帐下的项伯与刘邦麾下的张良交好，由于项伯顾念与张良的故人之情，向刘邦报讯，告知刘邦不要去赴鸿门宴。但此时项羽有四十万兵马驻扎在鸿门，而刘邦只有十万兵马驻扎在灞上。由于兵力悬殊，刘邦无奈只好去赴鸿门宴。刘邦明白自己的性命正处于危急时刻，于是想到了抓住眼前这根救命稻草——项伯，因为项羽的中枢力量就是项家人，项伯作为项羽的叔叔，还是有一定话语权的。一顿饭的工夫，刘邦就大施自己的商务谈判才能，觥筹交错间，与项伯的关系迅速升温，结为了儿女亲家。

第二天，先由项伯做游说，为刘邦说情，后刘邦带着张良等一百多个随从来赴宴。见到项羽后，刘邦说："我跟将军同心协力攻打秦国，将军在黄河以北作战，我在黄河以南作战。我自己也没有想到能先进了关中。今天在这里和将军见面，真是件令人高兴的事情，哪里知道有人在您面前挑拨，使您和我发生了误会。"

项羽听了刘邦低声下气的一番话后，满肚子的气消了。在酒席上，范增多次向项羽使眼色，以举起玉玦为号，借项庄舞剑之时刺杀刘邦。没承想，刘邦却乘机脱身离开，得以保命。

刘邦在这场杀机四伏的鸿门宴中得以脱身，关键有两点：第一，快速稳定自己的情绪，与项羽的叔叔项伯建立亲家关系，借项伯话语权消除项羽诛杀自己的心理；第二，在项羽面前主动示弱，再次消除项羽诛杀自己的想法。这两点充分说明了刘邦的高情商，刘邦正是凭借这两点才得以逃走，最终战胜项羽、成就霸业。

情商在一个人经商成功的道路上起了很大的作用，使他能够更加轻松应对生活中各种错综复杂的问题。不管在生活中还是在工作中，高情商的人往往拥有较多的机遇和较大的成功概率。

情商高的人之所以拥有更多成功的机会，是因为他们具备这样的能力：

1. 用情商调节情绪

试想一下，如果刘邦当时因害怕而失去理智，并带着负面情绪去处理眼前这件危急的事情，结果极有可能丢掉自己的性命。相信我们都有这样的体会，当遇到一件糟糕的事情时，如果我们情绪暴躁，乃至失控，那么这件事的结果会更糟糕。但当我们发挥情商的作用，使得情绪稳定时，仿佛做什么事情都那么顺手，问题也迎刃而解。

2. 用情商拓宽人际关系

正所谓"多个朋友，多条路"。要想成功，就要想方设法拓宽自己的人际关系。即便是敌人的朋友，也可以借助自己的情商，使其成为我们自己的朋友。

可以说，情商是成功人士的一项"软实力"，这项软实力是硬实力的有力补充，是在众多竞争者中能够脱颖而出的重要武器。

情商高的人具备健康人格

人格，是指在性格、气质、能力、道德、品质等方面具有的超强吸引人的力量。人格魅力是通过为人处世来体现的。那些具备健康人格的人能受到别人的欢迎和接纳。

人格的形成与发展，离不开先天遗传和后天环境影响两大因素。很多人认为人格会随着年龄的增长而逐渐提升。其实并不完全是这样。很多人的人格反而会随着年龄的增长而"钙化"，甚至不断退化与腐朽。

因此，人格有三种情况：第一种是健康独立的人格；第二种是不断退化的病态人格；第三种就是介于两者之间的人格。大多数人的人格属于第三种。然而，只有第一种健康独立的人格，才是我们所推崇的和需要具备的。

那么，什么是健康人格呢？从以下三个角度的描述可以找到答案：

从心理学角度来看，健康人格就是具备独立自主的能力，具有不断自我革新、抵抗压力的能力。

从社会学角度来看，健康人格就是在社会与人际关系中表现出来的崇高道德与博大的智慧，以及让自己幸福和快乐的同时，让别人也感到幸福和快乐的能力。

从生物学角度来看，健康人格就是个体生命保持内心平衡，使内心处于最佳的协调与平衡状态。

从这三个角度的描述中，我们不难发现，一个具有健康人格的人的特征包括：独立自主、冷静理性、待人友善、自我革新、自我情绪调控、抵抗压力等。

情商与人格之间有着千丝万缕的联系。高情商看似是对外的态度，其本质上还是一种自我修养的体现。主要表现为：

1. 独立而友善

高情商的人首先具备独立的人格，待人友善。有独立的人格，才能在纷乱的环境中保持冷静、独立思考，才能抓住事情的本质。怀着对人友善的态度才能构建良好的人际关系。

2. 做好自己

高情商的人，能弄清事情的轻重缓急，明白只有做好自己、把自己的事情做好，才能更好地影响和帮助别人。

3. 内心强大与理智

高情商的人，遇事总是沉着冷静，并用强大的内心去从容应对、淡然处之。只有处理事情的时候保持理智，才能将自身潜能更好地发挥出来。只有内心强大，才能在一次次跌倒后还能爬起来继续前行。

4. 理解他人的想法

情商高的人，不但能熟练掌握做事方法，还能在理解别人、知道别人想要什么的基础上，懂得与人相处之道。

5. 照顾他人的情绪

高情商的人会照顾他人的情绪，而不是随心所欲。

以上这五点恰好与健康人格的特征相吻合。情商与人格之间有千丝万缕的联系。

情商高的人，一般都具有健康人格，但人格健康的人不一定情商高。一个人的情商如果不够高或者是残缺的，那么就会影响其人格的健康。换句话说，情商是影响我们形成健康人格的重要因素。因为一个情商高的人，内心必定是和谐的。而内心和谐，才能控制自我情绪，才能做到独立自主、洞察世事、理性面对现状、自我革新、待人友善、抵抗压力等。因此，进行情商修炼，有助于健康人格的形成。

情商有多高，格局就有多大

很多人总说自己活得太累，在忙忙碌碌之后，依然难以达到自己理想中的人生高度。之所以会有这样的体会，是因为你的格局不够大，处理事情不够周全，所以在人生路上会出现很多磕磕绊绊。

什么是格局？格局 = 格 + 局。"格"就是人格和品行；"局"就是胸怀和胆识。情商是人格魅力的体现。所以，一个人的情商有多高，格局就有多大。具体体现在以下几方面：

1. 气度影响格局

现实生活中，在处理人际关系的过程中，难免会发生矛盾和冲突。

面对别人的过失和失误，真正情商高的人，会体现出异于常人的气度。他们不会为这些琐碎小事而斤斤计较。一个缺乏超凡气度的人，自然会受限于自己的度量，看到的只是眼前的蝇头小利和鸡毛蒜皮，做起事来小家子气且缺乏大格局。

2. 远见决定格局

人生注定是在一种平衡中得以持续发展的。正所谓："没有十全十美的人生，也没有一帆风顺的生活。"在某方面得到得多，在其他方面必定失去得多。人们总是希望自己所有所想或所做的事情能够获得成功，但客观事实却往往不遂人愿。

一个真正情商高的人，不会把自己太当回事，不会想着把所有好处占尽，而是想着照顾他人，想着他人的得失。一个处处为他人着想的人，势必会得到他人的眷顾，甚至是成倍的回报。其实，所有的成败与得失都是相对的，完全取决于自己最期望和最在乎的东西，取决于自己的眼光和远见。能看得远，才能走得远。对一些事情缺乏远见，格局自然也就没有了高度。

商界知名企业家李嘉诚，就是一个真正的情商高手。他从曾经一个小小的学徒到如今创建自己的商业帝国，在同乡人眼中曾是一个"眼眸无神，骨瘦如柴，未来恐难成大器的人"，后来却成为一个万人敬仰的实业家。他的成功，离不开他超高的情商。

在一次采访中，记者问他的儿子李泽楷："你父亲教了你一些什么赚钱成功的秘诀？"李泽楷说："我父亲跟我说，你和别人合作，假如你拿七分合理，八分也可以，那么我们李家拿六分就可以了。"这样就能让别人多赚两分，因此每个人都知道李嘉诚的格局，也都明白和李嘉诚合作能赚到便宜，就有更多的人愿意与李嘉诚合作。试想，虽然李嘉诚只拿了六分，但如果有一百个合作对象都能获利，自然人人都愿意与李嘉诚合作，而李嘉诚所获得的收益和利润则会相当可观。如果李嘉诚拿了八分，挤压合作对象的利益空间，那么一百个合作对象中只有五个愿意与他合作，他所获得的利润也就相对少了很多。

李嘉诚的格局始于情商，终于远见。这是他在商场上叱咤风云的重要原因之一。

3. 布局体现格局

人际关系中，最珍贵的就是人情关系。人情关系布局的好坏，在一定程度上可以体现你的人生格局的大小。

一个真正情商高的人，必定十分善于借助人情关系为自己的人生铺好前进的道路。他们会通过与对方建立人情账户的方式，在对方需要帮助的时候，在自己力所能及的范围内给予对方帮助，久而久之，就逐渐与对方建立起深厚的情谊。古人有一句话叫作"积德"，在帮助别人的时候，其实也是在为自己未来储备人情，以便自己日后采用。

当然，人际关系也是需要在收支平衡的基础上才能得以维系的。过度帮助对方，或者只向外输出你的帮助，而不向对方寻求帮助，也可能会给对方造成一种压力，进而想要逃避你。只有让对方觉得舒服，你布局的人情关系才会更加自然和融洽。情商是一个人格局的外显，做好人情关系布局，可以有效体现你的格局。

高情商为你创造财富

情商对于我们来讲，是一种极为重要的生存能力。情商决定一个人心智的高低，也决定一个人成就的大小，同时也在一定程度上决定人与人之间的贫富差距。

很多穷人会认为，自己没钱、没人脉，却还想成为富人简直是痴人说梦。事实并非如此。事在人为，没有条件就自己创造条件。

很多人认为，脑子好使就是智商高，其实情商高也是一个人脑子好使的表现。智商是大脑对事物规律做出分析判断，情商是大脑对人情世故做出分析判断。智商一流、情商一流，可以成就帝王霸业；智商不高，情商一流，则有贵人相助。情商对于我们来说就是一种财富。提升情商，可以让你少走弯路，在创造财富的道路上助你一臂之力。

强子是一家休闲食品公司的老板，为了拓展更大的市场规模，有一次，他去拜访一位客户，那个客户得知强子的来意就直接回绝了，说："王先生，你不要再来了，我知道你们公司很有名，也知道你们公司很有钱，但我们公司已经和一家休闲食品公司的老板有10年的交情，我们公司绝对不会从你那里下订单的。你也不用再来拜访我了，因为有好几家休闲食品公司的老板曾经拜访过我，都被我回绝了。"

强子清楚这样单刀直入是不会成功的，就另想他法。一次偶然的机会，他发现这位客户的儿子很喜欢打篮球，而且特别喜欢一名球星。后来这位客户的儿子不幸出车祸住院，强子觉得机会来了，他就买了一个很好的篮球，并通过关系找到球星签了名，将带有签名的篮球送给了这位客户的儿子。没想到的是，这位客户的儿子原本精神状态很不好，看到强子送的礼物后，整个人变得很兴奋，精神状态好了不少。这位客户得知后，出于对强子的感激，就和强子签订了500万的订单。

能够让一个毅然决然表示不会合作的人，一下子下这么大的订单，显然与强子的高情商分不开。人人都想创造财富、拥有财富，但世界上3%的人掌握了这个世界上97%的财富，剩下97%的人只能分享到社会上3%的财富。

获取财富的方法有两种，一种是主动获取，另一种是被动获取。

　　主动获取，就像案例中强子主动上门找客户合作一样，这种获取财富的方式是一种临时性财富，可能做一次工作只能得到一次回报。

　　被动获取，就是即使不上门求客户合作，也能获得永久性财富，然后持续性地获得回报。这就好比你在银行存了 1000 万元，每年都会有一定数额的利息源源不断地存入你的账户，为你带来源源不断的收入。

　　借助情商的力量从中干预，就可以让你获得足够多的被动收入。可以说，运用情商有效解决了客户拒绝合作和满足财富需求无法平衡的难题。在情商的作用下，被动获取财务的方式，可以为我们创造更多财富，带来主动的人生。

高情商使工作顺风顺水

　　很多职场中人都希望在与领导和同事打交道的时候，能够获得领导的满意，赢得同事的青睐。但事实上，他们发现即便自己受到了很多人的赞美，依然不会被领导器重，不会赢得同事的尊重，在工作上依然不能顺风顺水。

　　在职场中发展得好的人，除了有出色的工作能力，还要有超高情商。因为职场不但是工作场所，也是社交场所。每个职场人之间保持良好的人际关系，才能相互沟通协同、努力配合，保证业务的快速推进。而建立和维护良好的人际关系，首先需要培养自己的情商。

　　一家公司，有一个员工不小心把一扇玻璃门给打碎了。老板恰好此时经过，看到了发生的一切，于是马上过来扶起了这位员工，并且关切地询问道："怎么样？有没有受伤？用不用去医院？"在这位员工确认没有受伤后，老板整理了一下自己的着装，说道："那我就放心了，好好工作吧！"

　　然后，老板把部门经理叫到了自己的办公室，说："打碎玻璃不属于报销范围，你让那个员工赔偿吧！"

　　老板的这一句话，实在是让部门经理感到为难，老板做完了好人，坏事却让自己来做。但老板交代的又不能不做。

　　然而，这位部门经理的情商很高，他叫来了那个员工，说："你跟老板关系怎么这么好啊！刚刚老板特意把我叫过去，打招呼说让你赔个便宜的玻璃就行。"这位员工满脸高兴地答应了。

　　这位部门经理高明的处理方式，既完成了老板交代的任务，又让那个员工能够欣然接受，让整件事情变得风平浪静。最后无论老板还是员工，在赔偿玻璃这件事情上都十分舒服。

　　如果这位部门经理情商并不是很高，直接告知那位员工赔偿玻璃，员工必定会认为：老板都没说让自己赔，部门经理却站出来让自己赔偿，由此势必引发员工内心的不满和愤恨，进而与部门经理之间形成难以修复的隔阂。久而久之，很可能会将这种不满和愤恨延伸到工作中，不利于公司业务的推进，严重的还会让部门经理面临被辞退的风险。

职场中的人际关系十分微妙，如果处理不好，则会引发领导的不待见和不器重、同事的排挤和对抗，甚至使你的事业毁于一旦。高情商可以化解职场难题与尴尬，使你在职场中如鱼得水。

提升情商，增加人生幸福指数

情商高的人，在生活的各个领域，都能体现出较多优势，除了在人际交往、职场沟通方面的成功概率比较大，在恋爱与家庭婚姻当中的幸福指数也会有所提升。

人们往往会发现，在绝大多数幸福的恋情与婚姻当中，情侣之间、夫妻双方如果意见一致，那么他们不但能融洽相处，还能相互支持对方的理想和抱负，同时还能为了共同的目标而努力奋斗。而那些不幸福的恋情与婚姻中，情侣之间、夫妻双方往往因为一些琐碎之事而发生争吵或冷战，甚至拒不改正或大动干戈。这就是两人情商不够的表现。

幸福生活需要男女双方发挥彼此的情商优势，共同努力去打造。这样才能让自己的爱情坚不可摧，让彼此以及家庭中的每一个成员都能感受到幸福。

　　姜丽丽是一个性格火暴，经常一言不合就发脾气的人。她与丈夫在大学相识、相恋，并在毕业后走入婚姻的殿堂。虽然他们也像绝大多数夫妻一样，会在生活中因为一些琐碎的事情而吵架，但总是吵着吵着，最终在关键时刻化干戈为玉帛。这是因为姜丽丽的丈夫是一个情商极高的人，每次吵架他都能把原本生气的姜丽丽逗乐。而且丈夫对姜丽丽总是十分包容和理解，游刃有余地控制着事态的发展方向。姜丽丽觉得自己这辈子嫁对了人，遇到一个总是包容自己，谦让自己的人，是她这辈子最大的幸福。

　　相比而言，姜丽丽的闺密小琪就觉得自己过得并不幸福。小琪是一家大公司的销售员，平时工作压力大，一旦做不好就会面临被公司淘汰而失业的风险。最近上司派给她一个很棘手的新客户，她辛苦做的合作方案很快被这个客户狠狠地打了回来。然而时间紧迫，又给了她很大的压力，这使得小琪情绪变得很差。晚上下班回到家，看到儿子在地上趴着玩耍，丈夫在那里玩手机游戏。她没顾上说话便开始拿出电脑重新写方案。好不容易写完，儿子说饿了，她便去厨房简单地给儿子弄了点儿辅食吃。没想到，一会儿工夫，儿子竟然把自己刚写好的方案给删了一大半。面对此情此景，小琪整个人要崩溃了，火气腾地一下就上来了："你回来就像个大爷一样，儿子也不管，要你能干点啥？"在一旁的儿子被吓哭了，丈夫赶紧把孩子抱在怀里，无辜地说："你今天怎么了？我没有招惹你吧？简直莫名其妙。"说完就把儿子抱到了书房。小琪则感到委屈至极，羡慕姜丽丽的同时，感觉自己过得很不幸福，并萌发了离婚的念头。

　　高情商的人，总是善于控制自己的情绪。毋庸置疑，姜丽丽的幸福感源自丈夫的高情商。而她的闺密小琪，感觉自己的婚姻不幸福，一方面归结于自己不懂得控制情绪，另一方面在于丈夫不善于察言观色和不闻不问、不善安抚。夫妻双方之间相处，如果双方都表现出低情商，那么给家庭带来的只会是无尽的哀怨，而不是幸福和甜蜜。

　　婚姻关系中，情商很重要。夫妻相处之道有很多，高情商的人往往用几句简单的语言，就能给对方赞美、肯定和鼓励，从而增进夫妻之间的感情，提升婚姻的幸福指数。

第二篇　训练篇

第三章　高情商训练技巧一：自我觉察

　　俗话说"当局者迷"。人们总认为自己是最了解自己的那个人。但事实上，人们很多时候却难以做到自我察觉。自我察觉是一种能力，是个体对自我心理状态的一种感知。只有对自我情绪有所觉察和感知，才能知道自己的缺点，更好地控制自我情绪，并逐步提升自己的情商。高情商训练，首先要能感知自我情绪，具备自我觉察的能力。

情商自查：你的情商是否已"欠费"

一个高情商的人往往在人际圈子里很受欢迎，无论是社交、职场还是婚姻中都能游刃有余。高情商对于人们来讲，是一种极致的期待。但更多的人是居于高情商和低情商之间的普通人，甚至有的人情商低到"欠费"。

做情商自查，可以明确自我情商水平高低。如何做自查？以下为读者提供几条描述做参考，看看有几项和你的表现符合。

1. 不会控制情绪

每个人都有情绪，有时候会因为一些事情激动不已，作出错误决定；有时候会因为一些负面情绪而表现得紧张、不安和焦虑，甚至向身边人撒气。

在一次世界杯决赛中，法国队与意大利队对抗的过程中，齐达内开场就利用点球帮助法国队取得了领先，意大利队的马特拉齐随后扳平比分。当比赛进行到 109 分钟时，马特拉齐后场盯防齐达内，两人似乎发生了口角，齐达内一下子丧失了冷静，突然将头部顶在马特拉齐的胸口上，随后马特拉齐应声倒地。裁判埃利松在与第四官员交流后，向法国队长出示了红牌。最终法国队在点球大战中不敌意大利，与大力神杯擦肩而过。

原本法国队一直处于进攻态势，但由于齐达内没有控制情绪，并做出不冷静行为，使得本身局面占尽优势的法国队最终以惨败收场。

2. 听不进去别人的批评

有的人不但自卑还很自负，他们自命清高，生怕被点评和否定；他们总是我行我素，认为自己无论做什么都是正确的，并对那些逆耳良言会执拗到底。

3. 不在意他人的感受

有些人总是以自我为中心，做事情只考虑自己的感受和利益得失，却不把别人放在心上。这种人是极度自私的表现。

4. 无法准确描述自己的心情

人生在世，起起落落是常事。很多人无法描述自己在当前情境中处于一种什么样的情绪。

相关研究表明，只有 36% 的人才能做到这一点，然而这是一个不容小觑的问题。因为一旦你无法准确归类自己的情绪，就容易对发生的事件进行错误理解，进而导致作出不理智的选择和适得其反的行为。

5. 沉浸在过去无法自拔

当一个人一直无法走出过去时，内心就会被阴影所笼罩，负面情绪也会随之产生，总是对自己的错误耿耿于怀，拒绝重新调整自己，不能保持能屈能伸的乐观心态，拒绝迎接未来的人和事。

6. 自己总是被别人误会

有的人总是在和人打完交道后让对方误会。之所以会这样，是因为他不善于借助自己的语言和非语言方式表达自己，或者做事不够细心和周全，没有从根本上了解对方，让对方难以接受其行为和言语。

7. 感觉自己很容易被冒犯

有的人十分敏感，总是十分在意别人对自己的看法，总觉得别人在说话的时候是在轻视、嘲讽自己，甚至别人的一个细微的举动都能让他感觉是在有意冒犯他。他们会因为这些错误感知而经常愤怒不已。

8. 指责他人影响自己的情绪

心情的好坏完全取决于自己。有的人将自己的负面情绪归因到别人身上，认为是别人影响了自己的情绪，让自己的情绪变得糟糕。

9. 情绪外露，心里藏不住事

人非草木，孰能无情。但有的人，无论高兴、悲伤还是愤怒、不满，全都写在脸上。他们心里往往藏不住事，有什么开心的、不开心的，都心直口快地说出来。这样看似没心眼的表现，实则会影响别人的情绪，让别人的情绪变得糟糕，甚至会因此而得罪人。

10. 烂好心泛滥

好心待人本是一件好事，但做人别太烂好心。当你烂好心泛滥的时候，你帮助别人，却不一定会得到别人的感激，甚至有时候还会遭到谩骂。因此，做事没有原则、没有立场，只能让自己沦为吃力不讨好的烂好人。

以上这 10 项自查清单中，如果有 1～3 项符合你，那么你的情商水平较高，情绪较稳定，富有同情心，善于管理自己的人际关系，请继续保持；如果有 4～7 项符合你，那么你的情商水平居中，可以根据自己的实际情况有针对性地对符合你的这几项加以提升；如果有 8～10 项符合你，那么你的情商水平偏低，甚至有"欠费"的可能，你需要及时给你的情商"充值"。你需要多学习情商方面的相关知识，并加强自我情商修炼，全面提升自己的情商水平。

跳出自我，客观地审视自己

"不识庐山真面目，只缘身在此山中。"有的时候，我们对一些事情看不清看不远，是因为我们身处其中。如果我们能够从这件事情当中跳出来，那么我们则会对这件事产生不一样的认知。

同样，我们要想了解自己的情商水平，也需要跳出自我，以一个旁观者的视角，去冷静、客观地审视自己。

"自我"对于我们每一个人来说，既熟悉，又有些模糊；看似很了解，实则又不是很了解。很多时候，我们进行自我审视时，往往会将"自我"合理化，使得记忆也很不靠谱地把自己想要看到或记住的东西保留下来。这样客观便不存在了。所以，我们在认识自我的时候，看到的总是自己想要看到的部分。这就是为什么大多数人都觉得自己的情商在平均水平之上。

那么，如何才能让自己看到真实的情商水平呢？这里我们需要提到一个叫作"元认知"的概念。

元认知是由著名社会认知心理学创始人约翰·弗拉维尔提出来的，其表述为："个人关于自己的认知过程及结果或其他相关事情的知识"，以及"为完成某一具体目标或任务，依据认知对象对认知过程进行主动监测以及连续的调节和协调"。

其中"连续的调节和协调"，说的就是一个跳出自我的过程，即人们从问题中自我抽离出来，从一个观察者、旁观者的视角审视自我。人之所以难以真正了解自我，是因为很多时候没有做到跳出来看自己。当我们以一个旁观者的身份去观察的时候，就可以放弃自我捍卫意识，更加客观地认识自己的情商水平。

那么，如何跳出自我，审视自己的情商水平呢？

1.坚持正念观呼吸练习

做正念观呼吸练习的目的是让自己能够不受情绪羁绊而快速跳出自我。

其练习的方法是：在感觉自己的情绪有所波动时，将注意力放在自己的呼吸上，关注呼吸时气息流经鼻腔的感觉。在上嘴唇的部位，或鼻腔的内侧，或是鼻腔与嘴唇交界的部位，你会有一些细微的感觉，此时你需要保持把注意力放在这个感觉上。过一两分钟，你会发现刚刚引起情绪波动的事件、你所表现出的情绪以及相关想法、回忆等都被带走了，此时你的杂念逐渐消失。每一次呼吸、每一次杂念的消失，都是在培养一种自我分离的习惯。事件仅仅是事件、情绪仅仅是情绪，你从中跳了出来，不再与事件、情绪有太多的纠缠，而是上升为一个观察者的身份，观察它，而不是卷入其中。

2. 做长时间观察

人的情绪是在不断变化的，做自我审视，需要经历一个长时间的观察，才能做出最准确的判断。如果在仓促间做出论断，必然会使得得到的论断逻辑混乱。这样的结果不利于日后自我情商更进一步的修炼和提升。所以说，跳出自我，审视自我，需要在长时间、慢节奏的基础上进行严格逻辑论证。每次出现情绪波动时，都要在内心告诉自己"客观审视自己的时候到了"，然后试着跳出自我，观察自己的情绪和想法。刚开始会比较难，但只要长期多加练习，就能慢慢提升自己的这种能力。

3. 勇敢接受自己

人无完人，每个人都有不少缺点，具有一定的局限性。当我们在观察别人的时候，总会因为发现别人的缺点而充满鄙视。如果我们以一个旁观者的身份去审视自己，同样会发现自己在情商方面存在的缺陷和问题，这很容易使我们失去提升情商的信心，因为谁都不想面对自己的缺点。需要明白的是，能发现自己的缺点和不足，其实并不是一件让人感到羞愧的事情，反而能帮助我们更好地提升自我情商。因此，勇敢接受自己的不足，才能成为更好的自己。

4. 在成功和失败中认识自己

与人交往的过程中有成功也有失败。成功和失败中，往往隐藏着很多宝贵的经验和教训，可以为我们提供很多审视自我情商水平的准确信息。要想更深层次地认识自己的情商水平，就要在成功与失败中不断反省自己的行为结果。

从他人评价中窥见自己

从他人评价中窥见自己的情商水平，也是情商训练中自我察觉的一条重要途径。

每一个人都希望得到别人的好评和赞赏，但事实是别人对一个人的评价有好有坏、有积极的也有负面的。别人的评价往往反映的是一个人在别人眼中的印象如何。

我们在生活和职场中，经常听到有人当面或私下评价一个人的情商高低。"小江情商真的很高啊，在处理人情世故方面我们是自叹不如啊！""芳芳情商不是一般的低，这种话怎么能和领导说呢？"从这些评价中，我们可以窥见自己的情商高低。

虽然这种方法简单、易操作，但需要注意的是，通过他人的评价来窥见自己的情商高低，需要对别人的评价和自己的自评进行一个对比，以证明别人的评价和自评是否一致。

在听他人对自己的评价之前，我们首先要对自己的情商水平有一个基本的认知。他人的评价是自我判断"自评"和"他评"之间出现差异情况的重要依据。如果"自评"和"他评"一致，则表明自以为的情商水平和自己表现出来的情商水平高度契合，那么就可以判断自己的情商水平的确如此。如果"自评"和"他评"之间存在差异，则说明自我表现出来的情商并不是自以为的情商水平，这说明他人对自己的情商水平有一定的曲解，或自己对自己的情商水平有误解。

这里的曲解，其实就像一根筷子插入水中所发生的折射一般，是别人看在眼中，感受到的你的情商水平，是相同的道理。

从他人对自己的评价中窥见自己的情商水平，需要一个基本前提，那就是我们要对自己有一个基本认知。如果对自己的情商水平缺乏认知，那么就要谨慎看待他人对自己的评价。

这里并不是说他人的评价是错误的、主观的，但我们可以确定一点，别人对你的评价往往存在片面性，可能对于同一件事情，不同的人对你的做法会有不同的解读。

　　肖楚是一家私企职员，妻子的工作是在路边摆摊，做一些小本生意。每天下班后，肖楚都会回家做好饭，然后给妻子送饭。一天，肖楚因为公司临时有事，给妻子送饭时比平时晚了一个半小时。他略带歉意地和妻子说："对不起，来迟了，饿了吧？"妻子虽然又累又饿，看到丈夫过来，眼睛一眯，笑着说："不急，还早着呢！"肖楚赶紧拿出饭盒递给妻子："还热着呢，快吃吧，我陪你一起吃。"肖楚爱意满满地看着妻子吃饭，然后帮妻子把散落下来的头发别到了耳后。两人相互对视三秒后，开心地笑了起来。

　　在摊子旁边的年轻姑娘看到了眼前这一幕，觉得肖楚和妻子能够相互理解对方，相互照顾对方的情绪，这正是自己羡慕的爱情，于是说道："你们真的好甜蜜啊！"

　　这时，走过来一位大妈，瞄了一眼他们的饭盒，然后说道："姑娘，你这饭里一点油水都没有，咋能吃下去啊。你一天风吹日晒这么辛苦，你男人怎么这么对你呢？"

　　原本还十分满足的妻子，眼眶一下子湿润起来。

　　其实，无论别人对自己的情商评价是好还是坏，他人对肖楚都是站在不同的角度给出的评价。究竟谁的评价更有参考价值，这里给你一个有效的识别流程：认识自我情商→别人评价中判断自我情商→重新审视和解读自己的行为，判断自我情商。这个基本流程能够帮助你从别人对你的评价中正确、合理地窥见你的情商高低。

总而言之，要通过自我观察察觉自我情商高低，做一个有心人。通过他人了解自己，在重视他人的态度和评价的同时，还要冷静分析，不盲目认同，也不能忽视，要经常反省自己的点滴表现，总结自己。这样，你才能从别人的评价中更加客观地认识自己的情商水平。

以人为镜，在对比中检验自我情商

墨子说："君子不镜于水而镜于人。镜于水，见面之容；镜于人，则知吉与凶。"许多时候，我们难以看清自己的成败得失，难以对自己做出正确的评价，但如果我们把别人当作一面镜子，通过观察他人的言谈举止与自己的言谈举止进行对比，可以根据对比结果判断自己的成败与得失。这种以人为镜的方法，同样适用于自我情商检验。

很多人总是以周围人对自己的评价，作为自我情商水平检验的依据，却忽视了以人为镜，在对比中检验自我情商的重要性。

一个善于学习、勇于不断提升自我情商的人，到处都可以找到"镜子"。以人为镜，可以以别人的优点为镜，以别人的成败原因为镜，这些都是可以通过对比来检验自我情商水平的。具体操作过程有以下几个步骤：

1. 自鉴

自鉴，即自我鉴定、自我鉴别。以人为镜，首先需要具备自鉴的能力。在找到"镜子"之后，要能正确识别和鉴定别人在处理某件事情上，所作所为是否到位、是否合理，情商水平是高是低。进行自鉴的前提是要具备有效的识别能力，具备能通过他人的行为处事方式准确判断其情商高低的能力。

2. 自省

自省，即自我反省。自我反省是一个人应当具有的特质。而具备自省能力的前提是拥有自我认知的能力，即认识自己的能力。要回忆自己是否有过相同的经历，自己在当时所表现出来的处事方式如何，自己与"镜子"相比，做得够不够好，表现出来的情商够不够高。自省，是一个减少"本我"、呼唤"超我"的过程。

3. 自重

自重，即自我重视。自鉴和自省的作用，就是帮助人们对自己的欠缺之处加以重视，然后有针对性地进行训练和提升，让自己成为具备高情商的人。因此，在自省后，一定不要因自己不够优秀而看不起自己、没有勇气去面对自己的不完美。自我重视就是要从自己的内心出发，正视自己的不足。只有意识到自己没有别人完美，才有不断提升自我情商的欲望。

4. 自励

自励，即自我激励、自我鼓励。自励，是为自己设定一个目标，用一定的激励手段鼓励自己不断达成这个目标。

　　总之，以人为镜，是认识自我情商水平的一条重要途径。我们可以通过与所处环境和心理条件相近的人做对比，更好地看清自己，明确自己在情商上的不足，以及与别人的差距。这可为我们日后通过行动来改变自我、提升自我情商打下很好的基础。

聊天是自我情商高低的最好检验

　　人与人之间交流，最主要的方式就是聊天。聊天和情商的关系是：聊天是情商的出口，情商是聊天的源头。

　　穿衣看品位，聊天知情商。看一个人的情商高低，与其聊天的过程中就能一览无余。

　　在聊天时，情商高的人不仅懂礼数，还能让情绪收放自如，散发出个人智慧和魅力；情商低的人往往不顾及他人感受，让情绪横冲直撞，让人感到很不舒服。

　　那么，如何在聊天过程中检验自我情商高低呢？以下是情商低下的表现：

1. 无趣

　　两个人相互交谈，只有聊天的人幽默风趣，交谈才能进行下去。很多人在和别人交流时，感觉和对方无话可聊，又无从聊起，甚至想开口，却又不知道会不会因说错话让对方反感，所以干脆不说；或者对方说一句，自己只是简单地用"嗯""好"这样的词回应一下。如果你是这样的人，那么你就是一个很无趣的人，也表明你是一个情商偏低的人。

2. 尬聊

有的人在与人交往的初级阶段，由于相互不熟悉，但又因为各种原因不得不聊天。为了避免彼此陷入尬聊的局面，不使气氛降到冰点，所以就没话找话。

小娇是公司新来的同事。在午饭时间，小娇由于被领导叫去培训和熟悉工作而晚下班，而强子则因为忙手头工作，一时忘记下班时间。恰巧两个人出来时，公司员工都出去吃午饭了，小娇和强子同坐一个电梯下去。电梯里很安静，仿佛能听到蚊子飞过的声音。由于彼此并不熟悉，但又为了不显得尴尬，强子作为男同事，主动开口："吃饭去啊？"小娇回答："嗯。你也是？"强子答道："对。你是新来的吧？"小娇回答："是的。"回答完后，电梯里又恢复了之前的安静。小娇和强子都盼着电梯赶紧到一层，逃离这尴尬的境地。"叮，一楼到了。"随着一声电梯播报声，小娇和强子瞬间感觉轻松了很多，一前一后走出电梯，各自朝着不同的方向走去。

小娇与强子这样的聊天，就是典型的尬聊。彼此给对方的感觉就是呆、直、冷，这样聊天，越聊越尴尬。

3. 把话说绝

很多时候，两个人聊天时，情绪剧烈波动情况下，就容易把话说绝，让对方受伤，从此两人之间的矛盾越来越深。到最后，即便后悔，也于事无补。把话说绝，不留余地，最终的结果就是使自己陷入尴尬的境地。

4. 不分场合

两个关系要好的人，往往在聊天的时候比较随意。但如果不分场合，不论在办公室还是在公交车上，不论在家里还是在人多的聚会中，想聊什么就聊什么，说话毫不掩饰，不计后果，这样的人势必会让人反感，甚至会得罪人。

5. 跑题

聊一个话题时，很多人聊着聊着跑题了。他们总是聊到兴奋的时候，脑海中想到一件相关联的事情，就不由自主地转移话题，当意识到跑题时，发现自己聊的内容已经离题万里。

6. 不知所云

对于那些自卑的人来讲，他们往往在与人聊天尤其是与自己不熟悉的人聊天时，思路不够清晰和敏捷，语言混乱，东一句西一句，令对方感到迷惑，不知所云。渐渐地，对方也就失去了与其聊天的欲望。

7. 缺少共情

有些人总是大谈特谈自己感兴趣的话题，全然不顾对方是否也对这个话题感兴趣，即便对方已经听得打瞌睡了，他还在那里滔滔不绝。这样的人，显然以自我为中心，缺少共情。

8. 回答非白即黑

在与人聊天时，有的人总是在不经意间用非白即黑的回答，把天聊死，导致两个人最终无话可聊，陷入僵局。

王菊刚工作的时候，职位是老板的秘书。有一天，公司来了两位重要的客户，其中一位还是她的校友。中午的时候，老板带着王菊和两位客户一起吃饭。

饭间，校友问她："教你们外国语言文学的老师是不是胡俊宇？"王菊说是。校友接着问："他上课感觉怎么样？"王菊立刻回答："他是一个好老师，就是上课太无趣，每次一上他的课，一半学生在睡觉。他很少注重穿衣打扮，一件衬衫穿了三季。哈哈，怎么，你们认识吗？"校友一脸不开心地说了一句："他是我爸！"

结果可想而知。

当一个人始终在聊天中占上风时，他说话已经不再是为了沟通，而是为了炫耀自己。王菊不懂得揣摩对方的内心，也不懂得察言观色，不知道遇到这样的问题该如何回答，于是和盘托出了自己对这位老师的印象，没想到这不经意的回答，却使得最终受到伤害的还是她自己。

以上8条是在与他人聊天时情商低的表现。借助聊天的方式，可以通过聊天时你所表现出来的情况与这 8 条对号入座。如果吻合项较多，或全部吻合，那么就是情商低的表现。如果有一两条吻合或与这 8 条毫无关联，那么你就是高情商的人。如果将近一半吻合，那么你就居于高情商和低情商之间。

第四章　高情商训练技巧二：自我管理

　　人的情绪是与生俱来的，有效管理自我情绪、控制自我情绪，才能有效提升情商，把握自己的人生。自我管理，即用理智和思考做决定，是高情商训练的必备技巧，也是一个高情商人该有的修养。

不要让情绪成为一匹脱缰的野马

著名物理学家富兰克林说过："青年时鲁莽，老年时悔恨。""鲁莽"就是做事情不经过考虑，轻率做决定。

一个情绪容易激动，却又难以自控的人，往往更易于鲁莽行事，并在事后给自己和他人带来很多麻烦，甚至得罪人。所以，不要让自己的情绪成为一匹脱缰的野马，让你失去理智，带你横冲直撞。

在做自我管理训练前，首先要了解一个概念——野马效应。非洲草原上有一种吸血蝙蝠，它们依靠吸食动物的血液生存，而野马则成为它们吸食的对象。不管野马怎样暴怒、狂奔，就是拿蝙蝠毫无办法。蝙蝠可以从容地吸饱后再离开，而不少野马则被蝙蝠活活折磨而死。动物学家发现：蝙蝠吸取的血量是极少的，远不足以使野马死去，野马真正的死因则是它们的暴怒和狂奔。

对于野马来说，蝙蝠只是来自外界的一种挑战，而真正的挑战来自其自身，野马内在情绪的剧烈反应才成为它死亡的直接原因。因此，我们将这种因为一些琐碎小事而大动肝火，以至于伤害自己的现象称为"野马效应"。

所有的坏情绪，埋单的都是你自己。很多时候，人就像野马一样是被自己打败的，而且首先是被自己的情绪打败的。

问一下你自己：你是否因为情绪失控而把原本胜券在握的事情搞砸，然后又费劲去收拾自己造成的"烂摊子"？你曾经是否因为一时没有控制住自己的情绪而做出偏激的事情，之后你又因此而苦恼和后悔良久？你曾经是否因为情绪暴躁而失去了生命里最重要的人？

人总归是有情绪的，情绪装点了我们的生活，让生活因情绪而变得更加五彩斑斓。但这些美好得以实现的前提是我们能够成为情绪的主人。让情绪成为一匹脱缰的野马，情绪就会变得更加肆无忌惮，最终酿成悲剧。

有一名男子，在明知超市不允许带狗进入的情况下，依然带着宠物狗去超市购物。在门口保安多次劝阻下，该男子不耐烦地与保安发生了争吵。此时引来众多路人围观。男子认为保安让自己颜面扫地，于是情绪失控，便挥拳猛地打向保安的头部。两拳过后，保安应声倒下，鼻子出血，眼睛肿胀严重。经过路人全力拉扯后，才将该男子拦停。报警后，该男子被警察带走。而保安被送去医院，医生告知保安，眼部有瘀血，最糟糕的情况是可能会得青光眼，影响视力。该男子因为故意伤害他人身体而被警察拘留。事后，该男子不仅负责赔付保安相关医药费，还要承担相应的刑事责任。

该男子为自己随心所欲的行为而埋单，这就是不控制自我情绪的后果。人无自律，必有后患。在关键时刻能够控制好自己的情绪，可以将一切糟糕的事情消灭在萌芽阶段，这是一个高情商人必备的修养。情绪是自己的，控制好它，会让你受益无穷；控制不好，让你后悔终生。

用理智战胜冲动

生活中、工作中难免会有不愉快的事情发生：在人多的公交车上有人不小心踩了你；在去公司的路上，有人狂奔不小心撞到了你；同事端着一杯水路过，不小心洒在了你的衣服上……

很多时候，对方并不是故意的，但事情发生后对方可能并没有向你道歉，甚至有的人态度恶劣，不得理反而还不饶人。当时，你一定会火冒三丈。所以，不少人在矛盾发生时，很容易做出不理智的举动。

心理学上，将这种遇事冲动的现象叫作"消极激情"，也称作"冲动情绪"。这是一种短时间内如暴风骤雨般的情绪变化。这种情绪状态下的人，通常表现出以下特征：

一是紧张。当一个人处于激动状态时，情绪会变得越来越紧张，感觉整个人难以自控。

二是暂时性。这种冲动情绪只是暂时的，像暴风骤雨一样，来得快，去得也快。

三是爆发性。在这种情绪状态下，内心积聚的能量会瞬间释放出来，以此表达内心感受。

四是盲目性。人在情绪激动的情况下，往往认知范围骤然缩小，分析能力下降，完全听不进去别人的劝告，过去的经验也都抛之脑后，也不能像往常一样正常处理眼前的问题。

无数事例证明，冲动情绪容易伤人害己。生理学研究发现，当人处于情绪激动的时候，就会精神过度紧张，进而造成心脏、肠胃以及内分泌系统功能紊乱。久而久之，对人的身体健康极为不利。另外，当一个人情绪激动到无法自控时，很可能会做出一些过激的举动，给他人带来不可逆转的损害。因此，冲动情绪一定要认真对待。

冲动常常与感受相随相伴。当人们内心感到痛苦、愤怒、焦虑、不安等时，就会触发情绪的产生。但很多时候，我们的想法和感受并不是事实，而是让人误以为是真实的，这也就成为触发情绪的导火索。因此，当一个人内心中出现这些感受时，就会在不经意间产生攻击他人的冲动。这种冲动可能是口头上的，也可能是行为上的，杀伤力都不容小觑。此时，化解冲动情绪的最好办法就是用理智战胜冲动。

1. 用理智来压制冲动的情绪

当一个人情绪失控，甚至动怒的时候，往往是其理智最薄弱的时候，此时我们应当不断重复告诉自己"要冷静，冷静，再冷静"，并且多问自己几个为什么："我为什么要生气？""我生气有什么好处？""我生气问题就能解决了吗？"在此时还要坚定地告诉自己"不要生气，不要冲动，这样对自己没有一点好处。再坚持一下就没事了"。在这样的语言暗示下，你已经用自己的理智压制住了冲动情绪。

2. 用理智与冲动的情绪对着干

用理智与冲动情绪对着干，首先要明白随着情绪产生的冲动是什么，然后采取相应的行动与之对抗。每一次情绪的出现，都会给人传递出某种信息，进而激发我们为此而有所行动。如果你能在"有所行动"前，就用理智唤醒自我，并察觉到自己的冲动，平息冲动的情绪，那么你就可以有效阻止冲动行为的产生，从而很好地掌控整个局面。

需要注意的是，用理智与冲动的情绪对着干，重点在于你在情绪波动时，能够用理智唤醒自我，并察觉到自己的冲动情绪。这一点很重要。

冲动的情绪有很多，冲动情绪引发的行动也各不相同，那么究竟该如何用理智与之对着干呢？表4-1中有详细的对应方法。

表4-1　用理智与冲动情绪对着干的相应方法

感受类型	冲动行为	用理智对着干的方法
愤怒	语言和非语言攻击	礼貌待人，如果感觉难以做到，试着巧妙地避开对方
悲伤	逃离人群、自我隔绝	融入人群当中
焦虑	逃避一切可能引起焦虑的事物	尝试接近可能引发焦虑的情境或人
内疚	终止引起内疚感的行为	如果你认为你的所作所为没有违背价值观或道德标准，那么你只管继续去做就好
惭愧	逃避人群、自我隔绝	融入人群当中
恐惧	逃避人群、避开事物	尝试勇敢面对
厌恶	远离让人厌恶的事物和人	尝试接纳让自己厌恶的事物和人

用理智与冲动情绪对着干，不仅是行为上对着干，而且要在思想上对着干，这样可以有效帮助我们降低情绪的激烈程度，从而达到自我内心的平衡。当然，要想用理智对抗冲动情绪的行动起作用，还需要你一遍又一遍地不断重复去做，直到你对情绪的控制能力得到提升为止。这虽然需要一些时间，但只要能够坚持去做，你会发现你在情商提升方面获得了惊人的效果。

培养化解情绪危机的能力

相信很多人都有过这样的经历：由于一个或大或小的事件，或者某个人的言语行为的出现，瞬间触发了自己情绪波动的那根弦，紧接着便是因为情绪失控而引发的不正确语言和行为，甚至引发情绪危机。

情绪危机是指人的心理经历了剧烈的波动，包括愤怒、沮丧、恐怖，以及由期待而引起的激动和悲痛等。

G.卡普兰的心理危机理论将情绪危机分为四个阶段：

第一阶段：创伤性应激事件使当事人的情绪焦虑化，并影响其日常生活。

第二阶段：创伤性应激反应持续存在，生理上的不适应和焦虑情况加重，社会适应功能减退。

第三阶段：焦虑、抑郁不断加重，情绪困扰程度增加。

第四阶段：焦虑和忍受上升到一种无法忍受的程度，出现明显的心理障碍。

很多人陷入情绪危机后，不知道如何排解，以至于自己的情绪越来越糟糕，人际关系平衡的能力也越来越差。

方芳是一个非常重感情的人，她与男友相识、相恋于大学，在开始恋爱的时候，两人相约四年后大学毕业就结婚。但没想到的是，当初两人情比金坚，却落个劳燕分飞的结局。为此，方芳一想到这件事，就情绪失控掐自己，甚至萌生自杀的念头，仿佛刻意让自己身体有了痛感，心里就不那么痛了。她有时候会因为极度悲伤和愤怒，将气撒在家人和同事身上，事后又感觉十分内疚。方芳知道自己这么做并不好，但还是停不下来，因为她觉得这样做可以让她心里暂时没有那么难过。时间久了，家人、朋友和同事都认为她自暴自弃，无可救药，对她越来越失望了。渐渐地，方芳的朋友少了很多，同事也对她疏远很多。

方芳其实很想改变，但她却不知道如何去做。

方芳的糟糕情绪引发过激行为，显然她陷入了情绪危机当中。陷入情感危机的人，除像方芳一样有自残行为外，通常还表现为酗酒、暴饮暴食、蒙头大睡等行为，他们会以这些方式来逃避现实。这些方法看似能让他们对痛苦、难过等的感知减轻，但这只是暂时的假象。要想真正化解情绪危机，还需要使用健康、有效的办法来实现。

以下提供几种化解情绪危机的方法：

1. 冷静下来深呼吸

我们都有过这样的经历：当因为某件事情而触发我们的情绪时，一股冲动狂潮瞬间涌来，紧接着失控的语言和行为随之而来。结果，问题不仅没有得到解决，反而还伤人伤己。短暂的冲动往往会带来恶劣的后果，让你懊悔不已，甚至追悔莫及。有效地控制自我情绪，则可以保护自己和他人不因一时冲动而受伤害。最简单的办法就是冷静下来深呼吸。给自己从 1 数到 10 的时间，在这 10 秒里，深呼吸 3 次。这样做会迅速降低血液中的激素水平，让我们的心率有所下降。之后你会发现，自己的情绪没有那么激动了。这是一种快速恢复冷静的妙招，百试不爽。

2. 情境转移

当我们遇到某些事情而即将情绪爆发的时候，我们应当尽量远离这些事所处的情境，换一个让自己更加安静，让人内心舒缓或者愉悦的环境，转移我们的注意力。

比如，走出去亲近大自然，用清新的空气、色彩斑斓的花草树木洗涤眼睛和心灵；适当进行体育锻炼，在强身健体的同时，能有效释放精神压力，保持头脑清醒；倾听舒缓放松的音乐，让情绪随之变得舒缓、放松；可以尝试做自己喜欢的事情，比如，在作画的时候可以将注意力转移到正在画的人物或物体的线条和构图上。这样，当你的注意力投入另一件事情或转移到其他情境当中时，之前的不悦就会逐渐消散，心情就会好起来。

乔治是一个脾气暴躁的小男孩，只要稍微不如意，就会向他的父母发脾气，或者将脾气撒在其他小朋友身上，渐渐地，没有谁愿意和他一起玩了。

有一天，乔治的父亲想到了一个很好的解决办法。他告诉乔治："孩子，从今天开始，只要你生气了，就在外面的篱笆上钉进去一颗钉子，这样会比你向别人发脾气更舒服。"虽然乔治不愿意，但还是在好奇心的驱使下照做了，他想验证一下父亲说的是不是真的。在接下来的日子里，每当自己想要发脾气的时候，乔治忍住，将一切脾气都发泄在钉钉子上。没想到的是，每次这样做之后他觉得没那么生气了。渐渐地，乔治生气的次数越来越少，脾气也变得好了很多。

父亲看到乔治的改变，感到很欣慰。一天，他带着乔治来到篱笆旁边，让乔治把上面的钉子取下来。乔治费了九牛二虎之力才将钉子全部取下来。这时，父亲对他说："你看，篱笆上的那些洞，就像你在别人的心里钉上一颗钉子一样。现在虽然钉子拔出来了，但那些洞永远不会消失，那种伤痛永远留在了别人心里。你明白了吗？"乔治听后，羞愧地点了点头。之后，乔治改掉了总爱发脾气的习惯，身边的朋友也越来越多了。

乔治的父亲就是巧妙地将乔治的注意力转换到钉钉子这件事情上，从而达到有效缓和情绪的目的。

如果你无法确定什么方法对你有效，你可以给自己列出一张情境转移清单。在清单上写下你最喜欢做的事情、最感兴趣的事情，然后随身携带这份清单。当你再次遇到情绪危机的时候，就可以根据清单上的内容去一件件尝试，直到你把不愉快的事情彻底忘记。之后还要对相应的体验做记录，以便下次情绪危机来临时，直接使用那个最有效的方法去化解你的情绪危机。

3. 安抚自己的情绪

在极端情绪来临时，我们可以通过做一些缓和情绪的事情来安抚自己的糟糕情绪。这样做可以帮助我们放松身心，平和心态，最大限度地化解情绪危机。

研究发现，当出现极端情绪时，如果伸手就能够到一件自己喜欢的东西，端详或抚摸这件东西，可以起到很好的安抚情绪的作用，使人能够快速冷静下来。除了列一张安抚清单，你还可以给自己打造一个类似保险箱的容器，里边装有你最喜欢的东西，如家人的合影、毛绒玩具、一本喜欢的书、一种你喜欢吃的食物等，或者你可以通过抚摸你的宠物达到心灵上的抚慰。

4. 懂得逗自己开心

当情绪危机出现的时候，我们的内心是十分悲伤和痛苦的，此时我们对任何事情都不感兴趣。当我们处于这种状态时，可以通过逗自己开心来缓和自己的坏情绪。

比如，我们可以看连环画、听相声、听脱口秀、看娱乐节目等，或者旅行，比如滑雪、骑马、爬雪山等。总之，只要是能让自己开心和放松的事情，都可以尝试去做。

学会多角度地逗自己开心，是化解情绪危机的有效方法。通过这种方法还可以让我们更加热爱生活、积极享受生活的美好。

5. 学会看到事物阳光的一面

很多时候，人们之所以会陷入情绪危机当中，是因为他们只看到了事物的阴暗面，却忽视了事物阳光的一面。甚至觉得即便非常美好的事物，在情绪糟糕的时候也会平淡无奇，甚至会对其产生反感。这就是情绪的"眼镜效应"。当你戴着墨镜去看这个世界的时候，什么事物都是一种颓废昏暗的景象。

因此，你需要给自己准备一张记录表，对每件积极正面的事情做记录，并写上日期和对这件事情的看法。坚持记录一段时间后，你会发现，你已经逐渐拥有了一双越来越善于发现真善美的眼睛，在你的眼里，任何事物都有其阳光的一面，即便是一件消极的事情，你也能从其背后看到积极正向的一面。当你培养了发现美好的习惯之后，日后再有情绪低落的时候，就能快速调整好心态，积极乐观地从低落的情绪中走出来。

当你越来越多地掌握和运用这些技巧，你会发现自己的情绪危机正被逐渐化解，因为你在应对情绪危机方面已经越来越娴熟，也正因为此，你不再使用错误的方法来应对负面情绪。渐渐地，你会发现，你的情商也得到了改善，家人和朋友会因为看到你的改变而改变对你的态度，愿意向你靠近，给予你支持和帮助。

积极采取正面暗示

科学家研究表明：人是唯一能够接受心理暗示的动物。

很多时候，一个人能够发挥出超过自身能力或实力的能量，就是心理暗示的力量。暗示是影响潜意识的最有效方式。暗示能够超出人们身体的控制能力，指导人们的思维、行为。暗示可以看作是一种语言或者感觉性提示，可以唤起人们一系列的观念或动作，这些动作既可以向好的方向发展，也可以向相反的方向发展。暗示中蕴含着一种超乎想象和不可抗拒的力量。

积极的暗示会对人的情绪和心理状态产生良好、正面的影响，能激发人的内在潜能，摆脱消极情绪。消极的暗示会让人在不知不觉中变得情绪低沉和颓废，甚至最终失去理智。

那么如何用积极的方法做正面暗示，以此控制自己的情绪呢？

1. 说出自己的内心感受

心理学研究中，有一种方法叫作"内省法"，就是在一个人情绪波动时，冷静地观察自己内心深处，然后将观察的结果如实说给自己听。这种方法可以压制冲动的情绪。

王师傅是一名汽车修理工，经过今年打工的磨炼和学习后，打算日后开一家属于自己的汽修店。为了创利增收，王师傅招了三个学徒。其中，学徒小张经常出错，最让王师傅操心。有一次，小张又犯了错，而且同一件事情犯了两次错。王师傅看了火冒三丈，打算开口辞掉小张，但他看着对面这张年轻的面孔，一脸的懊悔和歉意。此时，王师傅仿佛从这个年轻人身上看到了当年的自己，然后心里默默地告诉自己："你又何尝不是这样走过来的？年轻人嘛，应当多给他们几次机会。"于是，王师傅压住了自己的冲动，拍拍小张的肩膀说："孩子，以后要多留心，好好学。"同一件事情犯了两次错误，却得到了王师傅的宽容，小张对王师傅的宽容心生感激，此后他跟着王师傅更加努力学习，没过多久便能独当一面。

王师傅的这种心理暗示起到了积极的作用，既没有让自己冲动行事，又激发了小张的学习和工作动力，这样做对于他们彼此的成长都大有裨益。

2. 远离别人灌输的消极暗示

很多时候，一件事情的不如意已经让我们情绪波动不已，如果此时有人在旁边煽风点火，当事人听后，原本愤怒的情绪会更加强烈，并由此产生严重后果。既然消极言辞能让糟糕的情绪愈演愈烈，那么我们为何不远离这些别人灌输的消极言辞，避免这些负面暗示呢？

来自别人的暗示，本身对我们没有影响，暗示之所以会产生一种巨大的力量，完全是我们自己的想法传给了暗示。只有当我们沉湎于别人暗示给我们的想法中时，也只有我们自己内心对这种暗示表示同意时，别人给我们的暗示才能产生力量。所以，不论别人给我们的暗示是正面的还是负面的，主要取决于我们自己的想法。我们本身对这种暗示的接受与否有选择的能力，因此我们应当选择积极、正面的暗示，让自己时刻保持积极的心态。

3. 对自己说一些鼓舞的话

人的心灵是需要鼓舞和温暖的，正面的心理暗示和温暖的心理环境容易缓解对立的情绪。所以，当自己产生负面情绪时，可以对自己说一些鼓舞的话，做正向心理暗示。比如："放松点，别冲动，相信你能做到""你是一个大度的人，别和这种人一般见识"等。如果你在情绪波动时，对自己说一些鼓舞的话，渐渐地，你会发现，自己处在正面的情绪时间比较多。

正向心理暗示是消除不良情绪的一剂良药，内心越积极向上，所展示出的情商越高。这里需要提醒的是，你的正面信念和正向心理暗示完全出于一种选择和自由意志，而不是因为你恐惧负面信念和消极暗示。如果你选择的是正面信念和正向暗示，那么通常发生在你身上的事情，大部分都会让你觉得开心而不是痛苦。

建立管理系统，增强情绪管理能力

人类的情绪变化是由有意识的思想、生理变化和某些行为表现共同组成的，在处理负面情绪的时候，也应当建立有效的自我管理体系，分别由识别情绪、建立联结、分析意义、寻求替换四个部分来实施，不断增强自我情绪管理能力。

1. 识别情绪

识别情绪，即在自己情绪波动的时候，要明确自己产生了什么样的情绪。

很多时候，人们会把情绪和想法相混淆。当我们问一个人对当前发生的这件事情有什么感受时，他回答的往往不是情绪，而是想法，如"我想赶紧远离这个地方""我想好好教训他一下"。情绪就是当一件事情发生时，让人感到愤怒、委屈、悲伤等。做情绪的自我管理，首先要有效识别情绪。

以下是几种常见的情绪及其意义：

①愤怒。愤怒是在个体追求的目标受到严重阻碍时，或者受到恶意破坏时，所产生的情绪体验。愤怒时，人的紧张感增强，情绪不受控制，甚

至引发攻击行为。

比如,雨天一辆汽车飞驰而来,将路面的积水溅在了你的衣服上。此时你的内心是极度愤怒的,有一种想要追上去和司机理论一番的冲动。

②恐惧。恐惧是在身处某种危险境地时,因为无力应对而想要摆脱和逃避所产生的情绪体验。

比如,你在路上行走,看到有人被汽车撞倒在血泊中。对于眼前这一幕,你会感到无比恐惧,想要尽快逃离这个发生车祸的地方。

③惊讶。惊讶是在遇到某种罕见、稀奇的事情时所流露出的一种情绪体验。引发惊讶情绪的情况有两种:一是对事情的发生未能预见,二是对事情的情况预测失误。

比如,老板的妻子从来不会到公司来,今天中午突然来了公司。这件事情对于老板来说,是一件"未能预见"的事情,因此引发了老板惊讶的情绪。

老板每天都是从同一家餐厅预定午饭,并由这家餐厅的一个小伙子负责配送。有一天,那个小伙子没来,而是换成了一个中年妇女。对于老板来说,这是一件对情况"预测失误"的事情,因此老板会惊讶。

④厌恶。厌恶是人们在味觉、嗅觉、触觉或者想象、耳闻、目睹到某一件让人感到不舒服的事情时所表现出的情绪体验。

比如，我们闻到水果腐臭的味道时，会感觉这股味道让人十分不舒服，就会产生厌恶情绪。

⑤悲伤。悲伤是当一个人在情感、金钱、名誉上遭受重大损失，或者痛失至亲至爱而感到无能为力时所表现出来的一种情绪体验。人在悲伤时会失去对生活的热情，对娱乐的兴趣等。

比如，你饲养的宠物每天陪伴着你，突然有一天它因为生病失去了生命。你会为宠物的离开而感到惋惜，并为这个生命的陨落而难过。这就是一种悲伤情绪的体现。

⑥内疚。内疚是对实际错误的一种适当反应，是一种有益的负面情绪。当内疚程度不断上升到一个阶段时，内疚就会逐渐转变为羞愧。

比如，儿子学校要举办一次亲子活动，要求孩子的父母都来参加。儿子回家告知了自己的爸妈，爸妈都答应到时候一定去。但到了活动那一天，父亲却因为工作不得不出差，只能让其妈妈带着去。看着儿子不开心的样子，父亲感觉内疚极了，于是告诉儿子，这次出差回来要给他买一款他早就看上的乐高玩具。

⑦委屈。委屈是因为受到了外界的打击，或被别人不理解，或被别人冤枉，内心感觉受到了不公平待遇或者事情未能如意时产生的一种情绪体验。

比如，两个小朋友一起玩，突然有一个小朋友摔倒了，哇哇大哭。摔倒小朋友的妈妈听到了哭声，以为另一个小朋友把自己的孩子推倒了，于是就上前训了几句。此时，另一个小朋友一边哭一边说："妹妹好像自己摔倒的，不是我推的。"她跑过来和自己的妈妈告状："那位阿姨冤枉了我，我以后再也不和那个小朋友玩了。"此时，这个小朋友的内心是非常委屈的。

⑧快乐。快乐情绪与悲伤情绪相对应，当人们在感受到外部事物给自己带来安详、平和、满足的感觉，或者梦想、目标得以实现时，内心就会产生一种快乐的情绪。

比如，你一直在工作上不断努力着，就希望有一天能够成为项目经理。在三年的辛苦付出之后，你成功成为项目经理，此时你的内心感到十分开心和快乐。

了解各种常见情绪之后，当你出现情绪波动时，可以根据你的情绪状况很好地认识你当前的情绪类型。而不是当你有了一定负面情绪时，只会说自己不开心、很烦躁等。

2. 建立联结

建立联结，即要明确是什么事情引发了这一情绪的产生。

比如，小朋友想买玩具枪，但妈妈不给买，小朋友就哭闹着找爸爸告状。此时，通过小朋友身上发生的事情和他的行为，与情绪建立起联结，你会发现，孩子哭闹背后的情绪是委屈和愤怒。

3. 分析意义

分析意义，即通过分析，明白这一情绪代表了什么意义，想要表达什么。

情绪的意义在于提醒我们快速采取相应的举措，以改变这种负面情绪；或者持续采取相应的举措，使得正面情绪得以持续。

①愤怒。愤怒的情绪会提醒你受到侵犯后应当采取措施。

②恐惧。人在感到恐惧时，是在提醒自己避开这种危险境地。

③惊讶。人在惊讶的时候，眉毛会抬起。这个动作能让你捕捉到更多信息，从而知道当前发生了什么，并提醒你快速制订有效计划。

④厌恶。在遇到让人厌恶的事情或人时，厌恶情绪往往会提醒你远离这样的事情或人。

⑤悲伤。悲伤情绪提醒你要懂得珍惜眼前的一切，否则你会失去一些人或物。

⑥内疚。当你产生内疚情绪时，就会提醒你所犯下的错误，并通过道歉或送礼物的方式来修补人际关系。

⑦委屈。委屈情绪会提醒你应当提高自己的能力，否则依旧会感到委屈。

⑧快乐。快乐情绪会提醒你继续保持努力，才能让快乐得以持续。

不同的情绪会表达出不同的意义。

比如，那个想买玩具枪，但妈妈不同意，就哭闹着找爸爸告状的小朋友，他对这件事情毫无办法，感到很无助，因此他产生了委屈和愤怒的情绪。这两种情绪下，他采取的措施就是想办法向爸爸告状，希望在爸爸这里能够实现自己买玩具枪的愿望。

4. 寻求替换

寻求替换，即假设自己不用发脾气，在没有产生情绪波动的情况下，这件事情是否有其他解决办法。

还以那个想要买玩具枪的小朋友为例。此时，高情商的爸爸会告诉这位小朋友，"我知道你想要玩具枪，妈妈没给你买，你很生气，但你完全可以不用这种大哭大闹的方式，来达到买玩具枪的目的。比如你可以尝试着跟妈妈好好说，或者跟我好好说，我们也可以考虑给你买玩具枪。"

    如果是低情商的家长，面对孩子的哭闹，便顺从了孩子，给孩子买了玩具枪。这其实对改善孩子的情绪管理能力、提升孩子的情商毫无益处。我们完全可以分析孩子的情绪，找到与情绪相关联的事情，发现情绪的意义，然后再找到能够解决问题的替换方法。在处理孩子的问题上，我们可以使用这样的方法。对于我们自身，同样可以使用这样的方法，而且屡试不爽。

    通过以上自我管理系统，我们可以找到情绪替换方法。当我们在日后的生活和工作中遇到类似的事情，就可以用这种方法管理自己的情绪、替换自己的情绪，有效提升自己情绪管理能力的同时，情商也随之提升。

第五章　高情商训练技巧三：自我激励

高情商训练课中的一个重要任务，就是自我激励。有效地激励可以让自己更加高效地取得成功。自我激励，让我们在提升情商的路上，即便遇到困难、挫折、逆境和艰难，也能用坚定的信念、伟人的言行、成功者的榜样等来激励自己，从而产生一种"不成功，不罢休"的斗志。

自我激励加速情商训练进入涌流状态

著名作家威廉·萨克雷说过："生活是一面镜子，你对它笑，它就对你笑；你对它哭，它就对你哭。"这句话想要表达的其实就是"自我激励"。

自我激励是指个体不需要外界的奖励、惩罚作为激励手段，就能给自己设定目标，然后通过自我努力去实现。自我激励是提升情商的一种重要能力，这种能力也是一个人能够成功提升自我情商的必要条件。

情绪决定了我们发挥心理能力的潜能，也因此决定了我们在人际关系中的表现，体现了我们情商的高低。当我们在生活和工作中产生负面情绪时，借助自我激励的方法，可以有效遏制消极情绪，并给我们慰藉，让我们认为一切都会好起来。心怀美好期望的人，往往更容易在自我激励的作用下控制自己的消极情绪。这是我们遇到困难时失去兴趣、陷入失望或沮丧情绪的缓冲器。有了自我激励，进行情商训练，成功提升情商则会更加容易。

情商的最高境界就是进入涌流状态，最成功的自我激励，可以让情绪控制达到极致，加速情商进入涌流状态。

涌流状态是一种专注或沉浸其中的心理状态。著名心理学家米哈里·契克森米哈提出了"涌流"这一概念，并认为：人在做自己喜欢做的事情时，才能真正体会到长久的快乐。涌流就是当人们完全沉浸到某项活动中时，由于注意力高度集中，导致忘记时间流逝，进入一种忘我的状态。而且其产生的每个动作和想法都会像形成习惯一样，一步步进行下去，将自己的技能发挥到极致。在涌流状态下，整个人积极向上，做事情表现出很强的控制力。这就是我们在高情商训练中要做自我激励的原因。

撕掉你身上的旧标签

你是否经常听到别人对你这样评价："你那么笨""你说话真幼稚""你也太不会做人做事了"……太多的话在我们内心压抑很久，使我们产生固化思维，认为自己就是别人口中的样子。

你有没有这样的体验：当我们在与别人相处时，总觉得本来好好的，到最后却不欢而散。于是就会承认"我是真的情商低"。

那么你是否想过要改变自己在别人眼中的不良印象？是否想要提升自己的情商？自我激励是情商训练过程中的一个必要途径。

进行自我激励训练，首先要做的就是撕掉身上的情绪标签。撕掉身上的情绪标签，我们才能以一种全新的姿态，给自己的潜意识灌输一些积极、有力量的词汇，以此激励自己，让自己的情商越来越高，在为人处世方面变得越来越优秀。

相信我们都有过这样的经历：在面对某些人的某些行为时，总是感觉特别厌恶、恐惧等。于是我们就会承认"我对这个人这件事感觉特别厌恶、恐惧"。不管你是在心里默念，还是向对方表述，在你承认自己厌恶、恐惧的那一刻，你已经给自己贴上了情绪标签。

什么叫"情绪标签"？著名心理学家威廉·詹姆斯在其著作《心理学原理》中有这样一句话："当我说出'我感到很愤怒'时，'我生气'的状态已经转变成'我表达自己生气'的状态。这种通过文字或语言具体而清晰地描述自己当下感受或情绪特征，就被称为'情绪标签'。"

1. 撕掉情绪标签训练的意义

（1）避免情绪化

相关研究表明，情绪标签可以有效调节人们的情绪。心理学家马修·利伯曼在研究中发现："给个体的情绪贴上'愤怒''害怕'等标签时，他们的大脑中负责情绪的杏仁核活动减少，而负责思维的部分则有更多的活动。"

这个发现意味着情绪标签可以让人的大脑情绪状态转变为一种思维状态，从而让人的情绪得以很好的冷却。这也是高情商训练中常使用的一种方法。

（2）避免自我批评

事实上，很多人在陷入负面情绪时，往往会进行自我批评，然后再次让自己陷入更加糟糕的负面情绪当中。情绪标签可以有效帮助我们打破这种恶性循环。马修·利伯曼对这一点有一个非常贴切的解释："人们开车看到黄灯会踩刹车，而情绪标签就像踩住了情绪反应的刹车。"

（3）认识自我、突破自我

有一个自我探索的心理学游戏，叫作"向死而生"。游戏的内容是这样的：

进入游戏时，每个人都有"本钱"，即每个人都有八张牌。这八张牌要游戏参与者亲自设定：那些生命中最重要、最丢不掉的人、物或者习惯和品质。当完成了牌面设定之后，整个游戏仿佛打开了一个未知的神秘大门。

游戏规则也很简单：每进行一轮，参与者需要扔掉一张相对不重要的牌，象征着舍弃自己的一个身份、技能、特质和标签。

整个过程，每撕掉一个标签，就像是撕掉了一层面具，每一次都能让参与者更加清晰地认识自我、突破自我。

同样，撕掉情绪标签与这个游戏有异曲同工之妙，能够帮助我们刷新自我，更好地激励自己不断提升自我情商。

2. 撕掉情绪标签训练

如何撕掉旧的情绪标签呢？有效的方法是正念冥想训练法。正念冥想的练习者在做深呼吸 3～4 次后，逐渐放空自己的大脑，并进入冥想状态。接下来，每 1 分钟做 10 次深呼吸，此时呼吸变得缓和均匀，内心得以安定，全身得以放松，精神更加集中。做正念冥想的目的就是让练习者在这种内心安定、全身放松、精神集中的情况下，更好地察觉自己当下的情绪状态。这种训练可以让个体从当下糟糕的情绪体验中抽离出来，以缓解负面情绪。

撕掉情绪标签，是情商训练中做自我激励迈出的第一步。这就好比是给房屋打地基一样，如果你依旧贴着情绪标签，房屋地基就难以牢固，那么当风雨来临时，房屋就很容易被摧毁。

自我认可，给自己信心

当意识到自己的负面情绪存在时，很多人就会心生批判之情。不但没有起到任何控制情绪的作用，反而使得情绪变得越来越糟糕。既然如此，我们为何不换种思维呢？

"自我认可"作为"自我批判"的对立面，会收到意想不到的效果。

"自我批判"，意味着与自我情绪进行对抗，而"自我认可"，即非对抗的情况下对自己情绪的认可与接纳，给自己信心。

薛琪是一家公司的销售员，遇到了一个十分难缠的客户。经过一星期的见面和商谈，好不容易客户答应第二天早上九点与薛琪一起到约定的咖啡厅签合同，但直到九点半薛琪还没等来客户。没想到的是，这个客户已经被挖了墙脚，和另一家竞争对手一大早就签了合同。对此，薛琪感到十分恼怒，为了这单生意，自己跑前跑后、辛辛苦苦十来天，到头来却是一场空。但又觉得自己不应该这样，并对自己说："生什么气？这样的情况见得还少吗？要不是你没有在商谈一致后立马签合同，会跑单吗？现在生什么气？愚蠢！"她越想压制内心的火气，内心越是愤懑不已，情绪也变得越来越糟糕，甚至将自己的糟糕情绪发泄到新手徒弟身上，当众找个由头指责徒弟的不是，徒弟被莫名其妙地批评后，感觉心里很不是滋味，日后对薛琪疏远了许多。

薛琪之所以生气，是因为她对自己的情绪进行了批判，使自己陷入自责当中。薛琪对自己的情绪进行批判，是一种不接纳自己、不认可自己的表现，这反而成了让她怒火中烧的一把浇了油的柴。

章嘉和卢坤是同班同学，因为两人上课不好好听讲，被老师当众点名，并在课后被老师叫到了办公室，进行了批评和教育。事后，两人一起走出了老师办公室。章嘉仿佛什么事情都没发生一样，蹦蹦跳跳，有说有笑，说："没什么大不了，明天又是美好的一天。"而卢坤则满脸沮丧，情绪消沉，心想："今天真是丢人了，全班同学以后都得因为我去老师办公室被批评而笑话我，估计以后我在班上的日子也不会好过了！"

同样被老师叫到办公室，同样被老师批评和教育，章嘉和卢坤的表现却截然不同。

无论发生了什么，无论你产生了什么样的情绪，承认自己的情绪，不要去批判它，这样做才可以更好地认识自己。显然，章嘉不自责、不否定自己失落的状态，认可并接纳了自己失落的情绪，而且相信这个失落的情绪会过去。章嘉内心的坚定和自我激励给自己带来了无穷的力量，即便没有别人的帮助和支持，也能满怀信心地走出坏情绪。而卢坤则一味地自责，陷入更深的失落当中，进而衍生更加强烈的负面情绪。

著名诗人、哲学家泰戈尔说过："假如你因错过太阳而哭泣，你还会错过群星。"一个人，只有在认可自己、接纳自己，让自己充满信心的基础上，才能发生改变。因此，当负面情绪向你无情地席卷而来时，你可以采取自我认可、自我激励的方式，减少负面情绪带来的痛苦，让自己从负面情绪中走出来，以满腔热忱，激励自己不断提升自我情商。

给自己够得着的激励

自我激励可以激发人的动机，使人有一股内在动力，朝着所期望的目标努力。高情商训练需要通过自我激励来实现。

那么我们该如何进行自我激励呢？

1. 选择能够激励自己的事物

在选择自我激励的奖品时，那些自己不喜欢或对自己而言可有可无的奖品，本身对自己毫无吸引力，这类奖品产生的激励效果微乎其微。因此，一定要选择那些自己喜欢的、想要得到的、期盼已久的东西做奖品，才更有动力。这些奖品可以是一件漂亮的衣服、一次向往已久的旅行、一顿心心念念的美食等。

2. 激励要及时兑现、不打折

如果想让自己的某个好的行动保持下来，就需要对自己做及时的强化。这就需要保证奖励能够及时兑现、不打折。如果不能及时落实，如出现空头支票、延期兑现等，不仅会降低行动热情，还会在一定程度上阻碍奖励制度的实施。

3. 不要预支奖励

做事情要有原则，这是保证自我激励能够持续实施的基础。预支奖励，使得激励来得太容易，也会让你失去了用努力换来进步的动力，失去了通过努力换来奖励的激动感和兴奋感。这样做的最终结果就是让自我激励逐渐失去其应有的意义。

4. 酌情层层加码

如果你能够成功控制住一次负面情绪，就对自己做一次激励。但如果你能够一天之内多次控制住负面情绪，就可以酌情增加激励奖品的数量。

5. 目标不要太高

提升情商并不是一蹴而就的，需要一个循序渐进的过程，只有多加训练，才能达到想要的效果。所以，在进行自我激励的时候，不要把目标定得太高，能够实现的目标会给自己努力的信心和训练的热情。有时候，将目标定得太高，反而不是一件好事。一旦在短期内没有实现这一目标，会让人失去继续训练的信心和激情。

6. 定期奖励

如果你认为小红花只适合奖励幼儿园的小朋友，那么你就大错特错了。其实，每一个人的心里都住着一个小孩子。这个小孩子也需要精心呵护、需要鼓励。可以以月、周为单位，设置一个专门的奖励专栏，制定出每月、每周的目标，一旦完成了月目标或周目标，做到了情绪管控，就给自己一个小小的奖励。

总之，在情商训练过程中，进行自我激励时，一定要给自己够得着的激励，否则，会起到事与愿违的反作用。同时，激励自己还意味着我们能够独立地感知自己的情绪、评价自己的情绪。自我激励落到实处，情商提升方能见效。

五步激励法塑造高情商

良好的自我激励能力，是高情商的表现之一。做自我激励训练，则可以有效提升自我情商。

著名心理学家威廉·詹姆士通过研究发现：一个没有受激励的人，仅能发挥其能力的 20%～30%，而当其受到激励时，其能力发挥可以提升至 80%～90%。这就意味着，同样一个人，在通过充分激励后，所发挥的作用相当于激励前的 3～4 倍。而这种激励，则需要通过个体自己的鼓励来完成。

那么如何通过自我激励达到提升情商的目的呢？自我激励五步法，可以助你一臂之力。

第一步：建立情绪疏解渠道

当你产生不满情绪时，首先要找到一种情绪疏解方式，然后让自己内心的不舒服得以化解。而情绪疏解需要通过一定的渠道来实现，所以建立情绪疏解渠道，是自我激励训练的第一步。

常用的情绪疏解渠道有以下几种：

（1）一四二呼吸法

一四二呼吸法是一种通过一定的呼吸节奏而使得人的身心得以放松的方法。具体方法是：按照每次吸气 1 秒→闭气 4 秒→吐气 2 秒的顺序反复练习。只要一有时间就练习，让自己的负面情绪得以放松。

（2）分散注意力法

分散注意力法，也称作分心法，即在产生负面情绪时，找一些其他感兴趣、能够让人愉快的事情去做，如玩游戏、看电视、做手工、跑步等，从而将注意力迁移，让自己从负面情绪中解脱出来。

（3）甜食缓解法

据科学研究发现：人在情绪压抑的时候，大脑判断人体当前处于一种不利环境。此时，大脑就会想方设法"哄"自己开心。一般在人体处于不利环境中时，本能的是选择逃亡、躲避。所以大脑首先想到的就是要保证足够的能量。于是它会命令食欲中枢传递信息，让我们找一些能够补充能量的食物，并将其吃掉。而甜食则是食物中能量较高的一种。

另外，甜食能促进大脑中的多巴胺、内咖肽等激素的释放，这些激素能够影响人的情绪，让人产生满足、兴奋的感觉。因此，适当吃一些甜食，可以缓解负面情绪。但一旦吃完甜食，短暂的兴奋感也就随之消失。

（4）冥想法

冥想法，就是双手自然放在膝盖上，放松脸部肌肉及眼、耳、鼻、口、舌，闭上眼睛，把注意力放在呼吸上。先不用调整呼吸，只需要观察自己的呼吸节奏。然后观察自己的呼吸声音，逐渐调整自己的呼吸状态，直到达到安静、平稳状态。此时，在吸气时想想自己正在感受大自然给予身体的力量；吐气时，感觉所有的紧张，将浊气排出体外。随着时间的增加，练习次数的增多，你会对这种冥想方法越来越熟悉，同时你的身心会变得越来越舒适，越来越平静。之前的负面情绪，也在冥想过程中渐渐消失。

需要注意的是：冥想法，需要选择一个独立的空间，保证周围没有任何其他活动物及干扰自我冥想的噪声，否则，容易在冥想过程中被活动物和噪声所打断。另外，整个室内的光线要比较昏暗，最理想的室内效果就是完全处于黑暗状态。如果光线较强，同样会影响冥想效果。

第二步：SMART 法则制定合理化的目标

在做自我激励训练的过程中，最重要的就是要清晰地规划目标，这是通过自我激励成功提升情商的重要一步。我们可以借助 SMART 法则制定合理化目标。有了合理有效的目标，才可以转化为有效的行动。

"SMART"是五个英文单词的首字母，具体是：

S（Specific）：明确性、具体性，即目标要明确，知道通过训练使得自己的情商达到什么样的水平。

M（Measurable）：可量化性、可衡量性，即目标的完成进度，最好可以用指标或成果的形式进行衡量。

A（Attainable）：可达成的，即制定的目标要有可操作性、可实现性。如果树立的目标过高，会导致自己因无法达到而内心受挫。

R（Relevant）：符合现实的，现实性，即在制定目标的时候，要考虑自身和现实情况。

T（Time-bound）：有时限的，时限性，即保证目标在一定时间内实现，而不是随心所欲地去训练。

也就是说，在制定自我激励目标时，要满足以上这五个条件，才能保证目标的合理性，并在此基础上，把你自己塑造成具有高情商的人。

第三步：离开舒适区，迎接挑战

做自我激励，需要离开自己熟悉的环境，离开舒适区，让自己处于一个相对陌生的环境中，不断挑战自己。在陌生环境中，我们所遇到的人、事、物往往会带给我们不适感。这种情况下，我们需要更好地练习并习惯与不确定性共处，学着去做一些一般不会做的事和接触一些不想接触的新事物。渐渐地，你会发现，你对于这些影响你的情绪、让你感到不舒适的人和事物能够从容面对和相处，此时，你已经通过跳出舒适区和不断的自我挑战，在自我激励训练中有所收获。

第四步：选择鲜活的榜样

在学生时期，我们需要寻找一个学习榜样，以提升自己的学习成绩；在工作中，我们需要寻找一个学习榜样，提升自己的工作能力和业绩。同样，我们需要寻找几个学习榜样，他们不一定是名人、大佬，但一定要具有我们学习的地方和优势，在向他们学习、追赶他们的过程中，可以将习得的优势转化为自己的优势，这样我们的情商就自然而然地得以提升。

第五步：培养断舍离的精神

断舍离，本意是把那些不必要的、不合适的、过时的东西统统断绝与舍弃。这里的"断舍离"并不是说物质方面的断舍离，而是特指精神方面。培养自己断舍离的精神，其实是一种智慧、是一种能力。如果你没有做到彻底的断舍离，没有放下该放下的，而是在遇到不如意的事情时总是以负面情绪对待，那么你会活得很累，很难成长，很难实现自我情商的蜕变。

其实，人与人之间的差别并不大，拼的不仅是智慧，还包括心理。如果你能做好自我激励，那么情商提升指日可待。

通过自我激励使得情商提升达到何种效果，取决于两大要素：

一是理想。情商理论认为：自我激励的源泉是自我期待。我们的理想和期待是能够成为一个高情商的人。一个人只有有所期待、心有理想，才会在实际中不断激励自己。一旦这种期待和理想消失，自我激励也就不复存在。想得到，更要做得到，才能实现自我情商的提升。

二是坚持。如果你喜欢你所做的事情，那么你一直在做这件事情，这并不叫坚持。所谓坚持，就是明知其有多艰苦，但依然能够持续做下去，并且这种坚持不会随着时间的推移而有所淡化。

所以，在借助自我激励训练提升情商的过程中，需要我们有理想、能坚持，这也是自我激励得以成功的最底层逻辑。

第六章　高情商训练技巧四：换位思考

很多时候，我们说一个人情商高低，其实衡量的就是这个人是否懂得换位思考。换位思考带来的是全新的格局与视野，也使我们在人际关系中如鱼得水。换位思考，也是高情商训练的一项必备技巧。如果你能在人际交往中通过换位思考来提升情商，那么你的人际关系自然会越来越好。

掌握人际规律——换位思考定律

你是否有过这样的经历：儿时的小伙伴在 20 年后的同学聚会上，当众喊出了你从小就不喜欢的外号；过年回家，亲戚聚会，七大姑八大姨总爱问你工资有多少，什么时候准备结婚生娃；在办公室，喜欢八卦的同事当众把你的糗事当成笑话说给大家听……

这样的事情实在是太多了，事情的当事人并不觉得他们说的话会让你有任何不舒服，也不能体会他们在说这件事情的时候你所面临的尴尬处境，甚至他们会把你的事情当作一个玩笑拿来逗个乐子。而作为"受害人"的你却尴尬无比，一心想要逃避此情此景。

由于人性弱点的限制，很多人在处理人际交往问题时，总是坚持自己的立场，总是从自己的角度去考虑问题。与这样的人相处，总是让人感觉很不舒服。归根结底就是因为这些人不懂得换位思考。

良好的人际关系，需要一条重要的人际规律——换位思考定律来维系。

所谓"换位思考"，就是站在别人的立场上思考问题和看待问题，为他人着想。换位思考是一种高情商的思维方式。它可以帮助我们在生活中做出更加正确的决定，让世界变得更加和谐。

　　曾经有个年轻人，因为不会与他人交往而经常遭到别人的白眼，为此他感到非常苦恼。反观他的爷爷，却在邻居当中德高望重。于是，他向爷爷请教与人交往的秘诀。没想到的是，爷爷只告诉了他四句话："把自己当成别人，把别人当成自己，把别人当成别人，把自己当成自己。"年轻人当时听了似懂非懂，以为爷爷在故弄玄虚。爷爷看出了他的心思，就告诉他："这就是秘诀，你一定会明白的。"后来，这个年轻人反复琢磨并经过实践，终于明白了爷爷的话。与人交往的秘诀就是换位思考。

　　生活中，有太多的争吵都是因为不顾及他人感受造成的，都是因为没有站在对方的角度去考虑而导致的。如果我们不站在对方的角度去想问题，永远无法感同身受。如果我们能处处以客观、公正、换位思考的方式去行事，那么我们正在一步步向高情商靠拢，表现出的是我们具备良好的教养。

　　比如我们在点菜时能够照顾一个不吃辣的人，特意点几个不辣的菜；孩子发现电线失火，想要拿水泼灭，幸好被及时发现没有酿成后果，对于这件事，我们在否认孩子的做法时，要先肯定他的勇气。

　　能做到这些的人，他们所表现出来的善解人意，总是让人称赞不已。其实，这些人就是我们所说的高情商，他们做人做事前都会习惯性地想一遍，如果发生在自己身上会不会自己也很不开心。因为他们懂得换位思考，所以你会觉得他们很懂你，愿意走近他们，与他们真心相处。这就是换位思考定律的魅力。

培养超强同理心

我们平常说一个人情商高，往往是指这个人能够照顾他人的感受，在与他人相处的过程中让人感觉舒服，大家都喜欢和他相处。其实，这样的人往往在与人相处的过程中具有很强的同理心。同理心也是情商修炼中的一个重要方面。

1. 什么是同理心

什么是"同理心"呢？所谓"同理心"，也称作"共情"，是指设身处地地体验他人处境，从而达到感受和理解他人情绪的能力。具体来讲，对同理心的认知，需要从以下三个方面进行：

（1）识别他人的感受

每个人在与他人交往的时候，对他人的关注点和理解程度会有所不同。有的人关注的重点是自己，极力把自己想要表达的思想和观点抛出来，却不顾及对方的想法和反应。但具有同理心的人则会有不同的表现，他们在与他人交往的时候，能更好地识别和理解他人的情绪和感受，将重点放在与对方的言行互动上。与此同时，他们还会体察对方的感受程度、对方有这样的感受是什么原因引起的。在明确这些之后，他们会带着同理心走进对方的心理世界。使对方感觉到自己被理解，对方才会愿意打开心扉，与你进一步加深彼此之间的关系。

（2）从他人角度看待问题

著名心理学家阿尔弗雷德·阿德勒普对于"理解他人"有过这样的描述："用他人的眼睛去看，用他人的耳朵去听，用他人的心去感受。"如果一个人能从他人的角度去看问题，以他人的眼去看，以他人的耳去听，以他人的心去感受，那么这个人就拥有了超强的同理心。这样的人，能赢得更多人的信任与支持，会吸引越来越多的优秀人士来到自己身边。

（3）表达出对他人的理解

同理心的意义，不仅在于你能够读懂别人，还需要在与别人交往的过程中，表达出你对他人的理解。对方知道自己被理解后，就会感觉到自己得到了应有的尊重，进而会更加愉悦地与你进行深层次交流，增加彼此之间的感情。因此，具有同理心，一定要善于向对方清楚地表达自己的感受。

日本著名企业家松下幸之助被誉为"经营之神"。他除了以经营能力卓越而享誉全球，其高情商也备受人们尊重。

有一次，松下幸之助来一家餐厅请人吃饭，六个人都点了牛排。等六个人吃完主餐之后，他让助理去请烹饪牛排的厨师过来，还特意强调："不要找经理，找厨师。"助理看到松下幸之助的牛排只吃了一半，心想一会儿可能会有尴尬的场面出现。厨师走过来，看上去很紧张的样子，他知道请自己过来的客人来头很大。厨师便问："先生，是不是牛排有什么问题？"松下幸之助说道："烹饪牛排，对你来讲已经不成问题。我只能吃一半，这不是你的厨艺的问题，你是位十分出色的厨师，牛排真的很好吃，但我已经80岁啦，胃口大不如从前了。"

厨师与其他用餐者好一会儿才反应过来。原来松下幸之助担心厨师看到自己做的牛排客人只吃了一半心里会难过，所以把厨师叫过来当面和他说出实情。

听到松下幸之助如此说，那位厨师感受到了来自客人的尊重。一起吃饭的其他人听完后，对松下幸之助的人格则更加钦佩。

情商高的人，具有超强共情能力，懂得换位思考，说话做事能体察到别人的不易之处，在表达自我观点的同时，也能顾及别人的感受。

2. 同理心的表现特点

一个真正具有同理心的人，在与他人相处的过程中会表现出以下特点：

（1）关注他人

具有同理心的人，往往十分敏感，善于观察别人的情绪状态，善于理解别人的观点。他们不会以自我为中心地认为别人的观点和立场与自己的一致，而是花更多时间来持续关注和理解别人的情绪，分析对方的心理动态。

（2）顾及他人

拥有同理心的人，往往在与别人争辩的时候，在做出任何决定的时候，都能顾及对方的感受，努力满足对方的需求，而不是只考虑个人的需求。他们能让对方感到非常温暖。

（3）帮助他人

怀有同理心的人，可以将自己对他人情绪和感受的理解转化为内在的行动力量，从而为对方提供力所能及的帮助，使对方能够缓和现有的负面情绪，更加积极轻松地去解决当前的问题，获得心灵的成长和成熟。

3. 超强同理心培养

如果一个人具备超强的同理心，在参与人际活动时，就能获得许多人的喜欢和青睐，因为每个人都喜欢与一个能够理解自己、站在自己角度考虑问题的人相处。同理心能够有效改善人际关系，使人与人之间的互动与交流更加准确和高效，减少不该发生的矛盾与冲突，让彼此之间的关系能够更加融洽与和谐。无论从个人成长还是对外交往需求来看，提升同理心对提升个人情商来讲，都是一项非常重要的任务。

以下是几种培养超强同理心的方法：

（1）学会察言观色

除了学会认真聆听他人的语言表述，还应当学会察言观色，读懂他人的非语言，即肢体语言的表达。著名心理学家艾伯特·梅拉比安认为，肢体语言在人与人交往和理解的过程中发挥着55%的作用。正是如此，我们更应当重视他人肢体语言的表达，包括眼神、面部表情、手势、身体姿态，甚至是呼吸等，从中洞察到他们想要表达的信息。

（2）学会站在他人角度考虑问题

与人相处，最难的其实就是站在他人的角度去考虑问题。而这一点恰好是同理心培养的重要部分。在我们遇到事情时，切忌按照自己的喜好去处理问题，更不要将自己的观点强加于人。为了能够真正站在他人角度去考虑问题，我们还应当认真了解他人过去的经历和当前的处境，理解他们为何会产生现在的行为举动。如果能这样换位思考，就能达到对他人的完全理解。

（3）学会刨根问底

如果你想更加深入地了解对方，通过聆听他人倾诉、读懂他人肢体语言的方式，获得的只是将听来的和看到的信息加以过滤后的浅层信息，而通过开放式的询问，则可以更好地深究对方的心理活动。

（4）及时介绍自己的情况

与人交往是双向的，本质上是在彼此理解的基础上，使彼此之间关系更加牢固。所以，你在理解他人观点和情绪的时候，也需要通过及时介绍自己情况的方式，让对方了解你的想法和情绪。这样一来，可以拉近双方心与心的距离，使得双方交往在信任的基础上变得更加融洽。这也是获得同理心的有效方法。

同理心的培养，总结起来就是四个字——换位思考，即让自己体验他人的所知、所想、所感。越有同理心的人，情商越高，越具有社会适应能力和人际交往能力。

与对方角色互换

能通过角色互换的方式了解他人，是情商训练的核心内容之一。

与社会的相处，实际上是与人的相处。要与人和谐相处，最重要的就是要理解对方，懂得设身处地为对方着想。一个人要想征服他人，赢得人心，首要的一点就是要懂得角色互换，要真正地深入对方内心，了解对方所想。

战国时，齐国公子孟尝君，食客数千，可谓宾客盈门，谋士云集。一次他受人诬陷，被撤去职位和封地，门下食客便纷纷离去。后来他依靠贤士冯谖出谋划策，重新获得了相位和封地。当冯谖奉命迎接他回都城复职时，他不禁对冯谖感慨说："我平时十分敬重贤士，不曾怠慢，可是他们见我被撤职，就纷纷弃我而去，没有一个人愿意追随我。今天全靠先生之力，我才官复原职。那些背叛我的人，还有什么脸来见我？如果谁想重新回来投靠我，我一定要啐他一口口水。"冯谖说："事物必有它的道理，您又何必生气呢？富贵了，宾客自然多；贫贱了，宾客自然少。这是自然的道理。你难道没有见过那些到市场上的人吗？天亮时大家争先恐后地挤进去；天黑时，市场上只有十几个人，他们甩着胳膊走出去，看也不看一眼。他们并不是喜爱早晨，厌恶傍晚，而是因为傍晚市场上已经没有他们想要的货物了。你先前失去相位，没有宾客需要的东西，他们自然纷纷离去。你如果换作他们，想必事情也会如此。"

有一次，一位门客犯错，孟尝君不但没有责罚他，反而想着如果自己是门客，同样的情景下会怎么做？为什么会这么做？同时，他还想起了当初冯谖和他说的那番话，明白门客之所以愿意追随自己，为的就是名和利。为此他对门客表示歉意，认为没能让这位门客做上大官，又唯恐封了门客小官会屈才，就把这位门客推荐给了自己的好友，卫国的君主，这位门客在卫国做了大官。

卫国和齐国关系恶化，卫国准备攻打齐国之际，这位门客站出来说服卫国君主，告知他这样做违背了与齐国的盟约，如果执意要出兵的话，他就死在卫国君主面前。卫国君主惜才，才取消了伐齐计划。

孟尝君正是因为当初能够进行角色互换，没有杀那位门客，最终转祸为福，让自己渡过了危险。在现代人际关系中，高情商的人更需要学会角色互换。

不同的人际关系场景中，每个人都会扮演自己的角色。

在情侣关系中，你是男朋友，她是女朋友。

在家庭关系中，你是丈夫，她是妻子，他们是孩子。

在职场关系中，你是员工，他是上司。

在邻里关系中，你是新住户，他们是好多年的老邻居。

在友谊关系中，你是他的发小，他是你的好哥们。

你想得到的东西，别人也想得到；你讨厌的东西，别人也厌烦；你无助害怕，别人也会；你不想承担压力责任，别人同样也不想。只要能与对方角色互换，以对方的身份去感受对方的所思所想，就能理解任何人。

著名作家玛丽·雪莱说过一句话："没有人会为恶而作恶，他犯错只是因为想要追求快乐。"每个人总是希望身边的人能够理解自己，并且配合，但却在不知不觉中忽略了他人的感受。如果我们能够角色互换一下，去思考对方的情绪变化、所作所为，那么原本糟糕的情况就会好很多。

妻子正在厨房炒菜，丈夫在旁边围观，并且一直唠叨不停。一会儿说火太大了，一会儿说油放多了，一会儿说锅子放歪了，一会儿又说盐放少了。妻子忍不住说："住口！我知道怎样炒菜。"丈夫平静地说："你当然懂，我只是想让你知道，我在开车时，你在我旁边喋喋不休，我的感觉如何。"

如果丈夫因为嫌弃妻子碎碎念而与妻子大吵大闹，夫妻二人的关系一定会变得很糟糕。但丈夫没有那么做，而是以角色互换的方式，让妻子明白了自己开车的时候，妻子在旁边碎碎念的心情和感受，更加平和地消除了自己的烦恼。显然，这位丈夫的情商就很高。

那么如何在日常生活中，通过角色互换的方式来提升自我情商呢？简单三步即可实现：

第一步：自我冷静

当我们正处于负面情绪时，首先要用一四二呼吸法，让自己逐渐冷静下来。如果你做到了这一步，让自己冷静下来，那么你就成功了一半。

第二步：定位角色

当自己冷静下来，你可以把自己切换成对方的角色，并明确自己当下应该有的立场和情感，然后将对方的角色代入之前发生的情境当中，重新演绎刚才情境发生的整个过程。

第三步：回归现实

当你把之前的情境重新演绎一遍之后，就需要对整个情境进行系统梳理。在梳理过程中，你会通过一些微弱的细节，察觉到对方的需求，认识到对方的感受。此时，你会将对方的需求和感受化为自身需求和感受，也能据此找到更加适合的语言表达方式、做出更加正确的行为决策。做到这一点，你的言谈举止都被对方看在眼里，对方会因为你的理解而被你征服。

日常生活中，人们总是习惯从自己的特定角色出发，以自己的视角来看待自己、看待他人，而且习惯以自我为中心的思维方式去思考，这样很容易引发角色冲突及矛盾。如果每个人都能从对方的角色去思考，都能将心比心地换位感受一下，那么许多冲突、矛盾就可迎刃而解。这也是一个高情商人应有的基本素养。

感知他人处境

"春江水暖鸭先知"这句话告诉我们，只有亲身体会，才能感知到事物的本来面目。很多时候，我们没能读懂对方的观点和情绪，是因为我们没有真正亲身体会，没能真正感知到他人当时的处境。

妻子生完孩子后，蒋超负责赚钱养家，妻子负责家庭起居和照看孩子。每天蒋超回到家，就坐在沙发上玩手机，妻子每次看到后就在旁边抱怨，说自己每天在家很累，蒋超也不帮帮自己。但蒋超却说妻子矫情，在家哪能比得上自己上班累。

一天，蒋超到家后一如既往地做自己喜欢做的事情，妻子抱着刚满一岁的儿子在厨房做饭，儿子大哭不止，妻子不小心被飞溅的热油烫到了手。这时候，妻子再也按捺不住心中的怒火，泪流满面地冲着蒋超说道："家里大小事情都由我来做，你回到家什么都不管不顾，难道你每天回来就是为了吃喝玩乐的？你还把这个家当家吗？干脆别过了！"

蒋超从来没见过妻子情绪这样反常过，马上从妻子手里抱过孩子说："不就是哄哄孩子、做做饭嘛，能有多难？有多累？正好我明天休息，明天这些都让我来，我肯定比你做得好。""好啊，正好我闺密约我明天去度假。"

第二天一大早，妻子便把丈夫喊了起来，说："孩子饿了，赶紧去给孩子冲奶粉。"说完便出门了。蒋超赶忙起来给孩子冲奶粉，一会儿孩子哭了又忙着哄孩子，一时间哄不住，急出了一头汗。好不容易把儿子哄睡着了，这时候九岁的女儿醒了说饿了，蒋超又忙着给女儿做早饭。女儿吃完早饭，蒋超又抱着儿子，把女儿送去跆拳道馆。回来后，一边哄儿子一边给儿子做辅食，还要收拾屋子、到超市买菜。快中午的时候又把女儿接了回来，然后开始做午饭。吃过午饭，儿子和女儿都午睡了，蒋超便开始洗碗、洗衣服、准备晚餐……

仅一天时间，蒋超就感觉自己要崩溃了，他忍受不了了，感觉一天像在打仗一样，比上班还累。经过一天的亲身体会，他终于意识到自己错了，妻子每天那么累，不应当责怪妻子，以后要多做家务，多帮妻子分担。自此以后，蒋超和妻子恩爱有加，更懂得心疼妻子。

生活中，我们总是以为别人矫情，经常闹情绪、爱抱怨，其实他们并不懂眼睛所看到的这些表象背后的真正原因。由此也会触发自我情绪的扳机，激化彼此之间的矛盾，影响彼此之间的关系。这样的结局并不是我们想要看到的。

如何阻止双方之间矛盾的产生？感知他人处境就是最好的办法。

第一步：放下已有的想法和判断

人们经常会带着主观偏见去看人看事，但这样看到的人和事所呈现出来的特点和现象，往往存在理论性偏见、角色性偏见和期待性偏见，并不真实，并不是真相。

理论性偏见，是观察者受到某种理论的影响而使自己认为的观察结果不客观，与被研究对象所表现出来的真实情况之间存在偏差。

角色性偏见，是观察者因为受到社会对某类研究对象的角色定位的影响而使自己观察到评价与解释不客观，与被研究对象所表现出来的真实情况不符。

期待性偏见，是因为观察者对研究对象的期望值过高或过低，从而导致观察结果不客观，与被研究对象所表现出来的真实情况不符。

所以，不论我们已有的想法和判断是客观的还是主观偏见，都要将其放下。只有真正放下了，我们才能带着求真心理去亲身体会。

第二步：身处其中，亲身体验

没有置身其中，亲身体会，你永远无法明白别人的处境，永远无法感知别人经历的酸甜苦辣。当我们亲身体验后，才能理解对方在这种处境下的心情和感受，才能在很大程度上避免人与人之间的误解与冲突，促进双方维持和谐的人际交往状态。

如果只以一个局外人的身份去领悟他人的情绪，往往犹如雨水滴到荷叶上一般肤浅而不真实。真正情商高的人不会只关注表面，而是让自己身处其中，通过亲身体验，感知他人处境，判断他人情绪。只有感知他人的处境，你才能知道什么话该说，什么话不该说，什么事情该做，什么事情不该做。

了解对方的内心

生活中，有很多人很喜欢讲大道理，论对错。明明彼此沟通一下就能解决问题，偏偏把关系闹得很僵，最后想挽回却又不知该如何去做。

一个女孩，因为工作失误，遭到了集体排斥。生性敏感的她，实在受不了这样的委屈。所以，等不及下班，她就打电话给男友，希望从男友那里得到一丝安慰。

没想到，她给男友打电话的时候，男友正在开会，于是直接按了拒接。女孩本来心情很糟糕，又被男友拒接电话，她越想越气，越气就越想打电话给男友，发泄内心的不满。她又连续打了两个电话，结果都是拒接。电话再次打过去时，男友接了起来，当即摆开架势："我不接电话肯定是有事啊，你还一遍一遍地打。""我今天心情不好，不就是想让你安慰安慰我吗？"男友紧接着说："你听你的语气，上一天班这么累，谁心情好了？你得先承认，上班时间你不断给我打电话，是你的错。我光接你电话，不用上班了？"还没等男友啰唆完，女孩便挂了电话，觉得男友是在给自己添堵。几分钟后，她发来微信："你比他们更让我心寒。"男友一头雾水，觉得女孩现在变得越来越矫情，越来越无理取闹，便回了一句："那你找一个让你不心寒的人吧。"事后，男友又后悔自己当初不该说出这么不得体的话，想要挽回这段感情。

女孩在工作中的不顺，使她需要男友能够站在自己身边，而不是讲道理，此刻她对于安慰的需求，远远大于知晓对错。如果男友能够接起电话关切地问一句："我正在开会，这么着急地打我电话，是发生了什么事情吗？"然后通过深度沟通，了解女孩内心的不悦，并加以安慰，那么事情就不会向糟糕的方向发展，而是让女孩觉得男友最懂自己，是自己心灵可以得到温暖和休憩的港湾。

生活中，总有那么一些人喜欢以教导者自居。无论你遇到什么难题，他们不关心你的个人感受，却搬出一大堆道理，让你将原本想说的话咽回肚子。这也是很多人之间关系恶化的原因。学会了解对方的内心，并有效地识别他人的情绪，才是解决问题的根本。

具体方法如下：

1. 学会积极倾听对方

要想读懂他人、理解他人的内心，首先要学会聆听。在聆听他人所说的每一句话时，可以抓取更多有用的信息，从这些信息当中可以更好地分析和判断他人想要表达的观点和想法。

在聆听过程中，要注意：

①不要轻易打断或插话，以免影响对方观点的完整表达。

②不要轻易发表自己的观点，以免影响对方说出自己的真实想法。

③聆听时要全神贯注，并要学会非语言表达，如点头、微笑等，使对方感觉自己受到了尊重，愿意更加细致地表达出自己的所思所想。

2. 学会与对方深度沟通

如果彼此在相处过程中，能够学会替对方着想的处事方法，能够学会平心静气地与对方进行一次心与心的深度沟通，并能感同身受地理解和关心对方，那么两个人之间的不良情绪就会因此而得到缓冲。之后，再经过好好思考，回应对方的想法和观点，那么一场争吵就会有效避免。

情商高的人并不是没有情绪、没有脾气，而是在别人情绪不佳或发火的时候，自己能够冷静聆听，并与对方深度沟通，善于用情绪去暗示和激励、安慰别人。简单来讲，高情商的人能够感同身受地了解他人的需求、欲望，识别他人的情绪。

第七章　高情商训练技巧五：合理表达

　　许多人不知道如何表达自己的情绪，也没有学过如何表达自己的情绪，所以他们要么压抑自己的情绪，要么不管不顾地发泄自己的情绪。甚至很多人因此而产生不理智的行为，使整个人处于失控状态。高情商的人不但能有效控制自己的情绪，还懂得在与人相处过程中合理表达，他们不仅能把话说得动听，而且能够把事办得妥当。

换种表达方式，告别无效沟通

在工作和生活中，只要有人际关系的地方，就难以避免摩擦和冲突。同样一件事情，使用不同的表达方式与人沟通，结果大不相同。

情商高的人选择机智表达，使摩擦和冲突得以轻松化解，人际关系更加平衡与牢固；情商低的人要么选择恶语相向，要么选择隐忍退让，显然，恶语相向、隐忍退让，是无效沟通的表现。

以下是父子的对话：

对话一：

儿子：爸爸，明天上午老师要做每周一次的古诗词考试，我感觉还没有准备好，现在开始学恐怕已经来不及了。

爸爸：这些天我看你一直就没好好学，这就是咎由自取，能怎么办？

儿子：你成天就知道埋怨我，你说这些有什么用？

爸爸：谁让你平时不用功呢？接受教训吧！

对话二：

儿子：爸爸，明天上午老师要做每周一次的古诗词考试，我感觉还没有准备好，现在开始学恐怕已经来不及了。

爸爸：我也觉得你这几天复习得不太好。

儿子：是啊，有的古诗词我还没有记熟，真让我着急！

爸爸：我知道你为了明天的考试着急，但光着急没用。你现在应当做的是看看还有哪些内容需要巩固和重点强化一下。你需要爸爸的帮助吗？我们可以一起复习！

儿子：好的，你来考，我来默写。

爸爸：以后一定要按时完成学习任务，就不会像现在这样被动了。

儿子：是的，爸爸，你说的很对，我记住了，今后一定努力学习。

同样一件事情，父亲的不同交流方式产生了不同的结果。对话一中，父亲的埋怨，使得原本焦虑的儿子更加焦虑，显然这样的沟通是无效沟通；对话二中，父亲能够站在儿子的立场上理解儿子的心情，并提出补救办法，不但安抚了儿子的焦急情绪，还给予了儿子极大的帮助，显然这样的沟通是有效沟通。如果每一位家长都能在与孩子沟通时，表现出极高的情商，都能用有效的沟通方式与孩子交流，那么与孩子的感情则会变得更加亲密和深厚，对孩子的学习进步也能给予很大的帮助。

如何用合理的表达方式实现有效沟通呢？

第一步：明确沟通的目的

当我们出现负面情绪时，发泄情绪并不是我们想要的真实目的，应该要思考如何解决眼下的问题。如果我们因为生气而摔东西走人，这样糟糕的问题依然存在，问题没有得到任何解决，甚至会使眼前的局面因为你的负面情绪和暴躁的言谈举止而变得雪上加霜。

所以，当你愤怒时，首先要明确沟通的目的，即该如何通过彼此的沟通解决问题，而不是胡乱发泄自己的情绪。

第二步：克制自我情绪

当出现负面情绪时，口无遮拦、随心所欲地发泄情绪，换来的只是一时的心里舒爽，但对于接受"恶语"的人来说，却可能需要花上很长一段时间去消化，甚至使事情发展成为一种无法逆转的悲剧。毫无克制性地发泄自己的情绪，只会使沟通变成一场灾难。

震惊全国的重庆公交坠江案，造成车上15名人员无一生还。其原因就是一名乘客因坐过站而与公交车司机引发争执，并一再毫无克制地发泄自己的情绪，对公交车司机进行人身攻击。因为司机用手隔挡，导致车辆失控，与对向正常行驶的小轿车相撞后，冲上马路牙子，撞断护栏坠入江中。

一场无谓的纷争，毫无克制的情绪释放，引发了一场悲剧。如果乘客能尽快克制自己的情绪，没有对司机进行人身攻击；如果司机能够稳定好情绪，在理智中停车，并将这场争执交给警察处理，那么这场悲剧也就不会发生。很多时候，人们因为情绪激动，就会让自己成为情绪的奴隶而无法驾驭情绪，这恰好是悲剧的开始。当面对不如意的事情时，不轻易动怒，这是一个高情商人应当具备的修养，也是一种高明的处世智慧。

第三步：恰如其分地表达情绪

既然你能意识到肆无忌惮地释放负面情绪所带来的糟糕后果，就要学会恰如其分地表达自己的情绪。那么如何恰如其分地表达自己的情绪呢？

这里有一条有效沟通公式：有效沟通 = 描述事实 + 表达感受 + 说出需求 + 提出请求。

丈夫一回家就躺在沙发上，把自己的袜子随便一扔。妻子看了很生气。

无效的沟通方式是："你怎么总是乱扔东西，我刚整理好的房间。"

有效的沟通方式是："我看到地上有一只你的袜子，沙发上有一只，都是你穿过的（描述事实），我不太高兴（表达感受），我想让咱们的房子保持整洁（说出需求），你可以把袜子收拾在一起放在鞋子里吗（提出请求）？"

描述事实：即描述自己所观察到的事实，但不予以评价。

例如，"我看到地上有一只你的袜子，沙发上有一只"，而不评价"你做事情真没规矩"。

表达感受：即说出自己的内心感受，但不要表达自我想法。

说出需求：即说出自己的需要。

提出请求：即提出请求，而不是命令。

例如，你可以说"你可以把袜子收拾在一起放在鞋子里吗"，而不是说"快去把你的袜子收拾一下"。

换一种表达方式，很好地克制了情绪，有效地终止了一场极有可能发生的家庭大战。

第四步：给出问题解决方案

遇到问题的时候，彼此吵吵闹闹的样子很不体面。情商高的人不但能有效控制自己的情绪，还能在合理表达的同时，给出问题的解决方案，从而积极地平息局面。

什么样的表达，就会有什么样的结果与呈现。学会恰如其分地表达，告别无效沟通，可以让你的情商得到有效提升。

培养幽默感，机智传达不满情绪

生活中遇到让自己不满的事情很正常，但如何处理这种不满，能看出一个人情商的高低。

最具智慧的做法，就是巧妙借助幽默来表达不满。这种方法完全出人意料，它是一种调侃，可以让人很容易接受，也愿意接受。

星期一早上，罗云又一次迟到了。经理问道："罗云，星期天晚上有空吗？"

"当然有，经理。"罗云以为经理有什么好事要安排给她，她十分爽快地回答。

"那就请你早点睡觉，省得你星期一早上上班又要迟到！"

罗云听后，脸瞬间变红了。从那以后，她再也没有迟到过。

经理的这种高情商做法之所以高明，就在于没有直接批评罗云，而是用一种幽默的方式和罗云沟通。两者的区别在于：直接批评，虽然罗云可能会在短期内改善迟到的情况，但未必心服口服；幽默沟通，不但表达了经理内心的不满，有效缓解直接批评给对方带来的心灵伤害，而且能有效增进与对方之间的关系，使对方在和谐的氛围当中，发自内心地接受并愿意积极主动地改进。

在社交中，谈吐幽默的人往往易于取胜。幽默的语言往往更容易迅速打开僵局，使氛围变得轻松、活跃和融洽。当出现不满情绪时，幽默是润滑剂，可以在消除敌意的同时，用含蓄的方式或善意的语言表达，收到事半功倍的效果。

那么如何培养幽默感，机智传达不满情绪呢？技巧如下：

1. 学会利用夸张的效果

将事实夸大，可以造成一种极不协调的喜剧效果，这是一种十分有效的方法。

有一次，马克·吐温坐火车去一所大学讲课。由于火车开得太慢，很有可能会让他迟到。于是当列车员过来查票时，他故意递给列车员一张儿童票。列车员打量了马克·吐温一番，幽默地说："真有意思，看不出您还是个孩子呢。"马克·吐温则幽默回答："我现在已经不是孩子了，但我买火车票时还是孩子，火车开得实在太慢了。"

火车开得慢是事实，但绝对不会慢到让一个人从小孩长成大人。显然，这是将火车慢这一事实进行了无限夸张。这种方法既达到了表达不满的目的，又避免了矛盾和冲突的产生。

2. 学会正话反说

正话反说，就是话语表达的意思，与其字面意思完全相反。如果字面意思是肯定，那么实际上是要表达否定；如果字面意思是否定，那么实际上是要表达肯定。这种方法也是产生幽默感的有效方法之一。

秦朝有一个十分幽默的人物叫优旅。一天，秦始皇要大兴土木，扩建御花园，并豢养更多的珍禽异兽，以供自己围猎享乐。优旅认为这是一件劳民伤财的事情，就做其他大臣不敢为的事情——冒死向秦始皇谏言："这个主意很好，多养珍禽异兽，敌人就不敢来犯了。即使敌人来了，下令麋鹿用角把敌人顶回去就足够了。"秦始皇听后开怀大笑，收回扩建御花园的命令。

优旅虽然对秦始皇的这种劳民伤财的举动很不赞同、很不满，但又不敢直接表达自己的不满。他用这种正话反说的幽默方式，反而很好地达到了自己的目的。

3. 学会运用冷幽默

冷幽默是在不经意间说出的一番诙谐的话语，这样的话语往往接收方不会瞬间理解，而是经过深思后才能恍然大悟。大多数冷幽默的内容比较奇怪，听上去实际意义不大，而且让人觉得很无聊，但充满了深沉的哲理与丰富的调侃，具有特殊的说服力，能达到更好的沟通效果。

一位顾客在酒吧喝酒，他喝完第二杯后，转身问老板："这么大桶的啤酒，你一天能卖出多少桶？"老板得意扬扬地说："40桶。"顾客继续说道："我倒是想出了一个能让你每天卖出80桶啤酒的方法。"老板既好奇又惊讶地问："什么方法？""很简单，只要你将每个杯子里的啤酒倒满就行。"

顾客的回答让人听后，第一反应是没有太明白顾客的意思。但仔细思考之后，就会发现，顾客旨在讽刺老板缺斤少两，并告知老板要诚实守信。

幽默是个好技巧，如果学会把简单的事情幽默化，则能体现一个人特有的俏皮，让人对你不产生反感的情况下，通过你的幽默，明白你想要表达的真实意图。最高级的情商，就是用幽默的方式表达自己的不满、委屈和愤怒等情绪。

学会巧用妙语化解尴尬

在与人交往的过程中，难免会遇到一些尴尬的局面，比如对方问你一些私密的事情、与别人初次见面喊错了对方的名字、被对方故意刁难等。面对这样的尴尬局面，情商低的人会面红耳赤，手心出汗，甚至想要快速逃离，结果越害怕尴尬，尴尬就越紧贴着你。情商高的人却能针对情况灵活对待，巧用合理的表达方式，从容化解眼前的尴尬，甚至让自己占上风。

那么我们该如何通过合理表达来化解尴尬，让自己顺利脱离困境呢？以下三步可以帮助你巧妙化解尴尬。

第一步：先接受，再化解

当你因为别人的言行而感到尴尬时，你首先需要做的是"先接受，再化解"，即：你不能因为尴尬而逃避，而是要直面它、接受它。然后再想方设法来化解眼前的尴尬。

比如，公司组织聚餐，当领导刚要伸出筷子夹鱼的时候，你恰好把鱼盘转走了。这时候，领导尴尬，你也尴尬。无论是想要通过不言不语，还是表达歉意，让这件事情快点过去，都显得不合适，甚至会让彼此更加尴尬。最好的方法就是你承认尴尬事实，然后随机应变。

你可以顺手把桌上的大虾转到领导面前，然后说："领导，这盘虾是这家店的特色菜，请品尝。"这样，尴尬就被轻松化解了，而且领导还会因为你的机智而更加喜欢你。

如何才能让自己"先接受"呢？可以找一个小伙伴，让他提问，你回答。不论问题有多敏感，你都要回答"是的"。

比如，对方问你："你是一个很让人厌恶的人吗？"你要回答"是的"。

对方问你："你长得很丑吗？"你要回答"是的"。

这样的练习，会让你养成快速接受不同情绪的心态。然后争取时间，想出能够化解尴尬的表达方式。

第二步：重点偏移，答非所问

重点偏移，答非所问，就是有意避开话题，让对方不再继续追问。具体来讲，就是找出重点和非重点，将二者对换。

比如，当被问到年龄时，可以说："我是不是看起来很显年轻啊？"收入问题也是人们不愿意随便透露给别人的。当有人问你收入问题时，可以说："我属于有产阶级，但不是资产阶级。"用这种重点偏移、答非所问的方式回应对方，可以有效阻断对方原有的逻辑，既不得罪对方，也不会让对方的目的得逞。

第三步：把别人的球踢回去

当对方有意使你陷入尴尬处境，你不愿回答或者无法回答时，可以通过反问的方式，将问题推到对方身上。换句话说，就是把别人抛出来的球再踢回去。

有个记者在采访一位名人时，问道："我听马云说，人的相貌与才华成反比。你怎么看？"最初说这句话的人想表达的意思是，自己虽然相貌一般，但是才华横溢。而记者用这句话提问这位名人，显然是有意而为之，想要故意刁难他，让他陷入两头为难的境地。如果说自己相貌好，则意味着自己没有才华；说自己很有才华，就意味着自己相貌不怎么样。于是，这位名人机智回答："这句话对你一定很励志吧？"后来这位记者再也不敢问这位名人类似的问题了。

这种将问题推给对方的做法，能巧妙地化解不友好的尴尬局面，有效地将尴尬转移到对方身上。自己不再尴尬，尴尬的就是对方，最终使得对方无奈、妥协，不得不放弃刁难。

无论在生活中还是职场、社交中，你都可以借助以上三招，改变你的谈话环境，巧妙化解尴尬，彰显你的高情商。

硬话软说，帮对方"挽尊"

人际交往中有许多地方需要婉转，不能直来直去。语言表达也是如此。硬话软说，在沟通中非常重要，体现的是一个高情商人所具有的智慧。

硬话软说其实是一种驾驭语言表达技巧的能力，是你在说话的时候，不直接用粗野、刺耳、直白的方式陈述内心想法，而是用更加婉转、文雅的方式加以烘托或暗示，使得信息接收者从你的婉转表达中读懂和理解你想要表达的意思，同时能起到缓冲或美化作用，有效避免对方因为被拒使自尊心受到伤害。

硬话软说能防止因为生硬和直率带来的各种弊端，可以有效提升你的个人魅力，使你的人际交往变得更加顺利，人际关系更加和谐。

现代文学大师钱钟书先生是一个喜欢独处的人。他最怕的就是被人宣传，尤其是在报刊、电视上抛头露面。在他所著的《围城》再版之后，又被拍成了电视剧，在国内外引起了不小的轰动。很多新闻记者都想约他做一次采访，但遗憾的是，所有人都被钱钟书先生婉言拒绝了。

一天，一位书迷好不容易把电话打进了钱钟书先生家，恳请登门拜访，但钱钟书先生并没有用生硬的表达方式直接谢绝，而是用机智的表达方式将这位书迷说服了。他说："假设你吃了一个鸡蛋后觉得不错，又何必认识那个下蛋的母鸡呢？"

相比于直接说："抱歉，我不接受采访"这样的生硬表达，钱钟书先生将拒绝的话语进行"软化"，让对方听后知道被拒绝了，但会舒服地接受，不过于伤害对方的自尊心。

如何硬话软说呢？有以下几种方法：

1. 用同义词语表达

"硬话"听起来生硬让人难以接受，甚至像一把锋利的剑，直扎人心。但如果用同义词语将"硬话"加以"软化"，那么即便你表达的是同一种意思，也能给人一种用语柔软、委婉含蓄的感觉。用同义词语表达，可以增强你的交际效果，凸显你的高情商。

例如，在谈到某个人、某件事时，你想要表达对其的不满，不要说"很讨厌他／它"，而要说"我对他／它不感冒"。讨厌一个人，说明对这个人或这件事极其厌恶；不感冒，是指对这个人或这件事不感兴趣。虽然两者都是传递不喜欢，但就程度而言，"不感冒"相对"讨厌"来讲，要"软"很多。

2. 利用修辞方式表达

硬话软说，就是将强烈的话语说得委婉些、柔和些，借助各种修辞方法，实现独特的修辞意义，产生独特的语言效果，以达到含蓄表达的效果。常用的修辞方式有：比喻、夸张、借代、双关、反语、暗示等。

例如，你看到对方长相比实际年龄显老，不要直接说："你长得很显老"，而是说"你长得成熟，气质稳重"。这样的表达能有效避开所忌讳的事物，既隐含了你想要表达的意思，又让别人听后心里舒服。

3. 用笼统概括的语言表达

有些事情，无须直接点明，只需指出一个大概范围或方向，信息接收者就能根据提示去深入思考，根据自己的经验补全信息，领会到你的弦外之音。这样的表达方式同样属于硬话软说。

比如，当我们说一个人"身体残疾"的时候，我们可以笼统地说"行动不便"。"行动不便"本身是对"身体残疾"的一种描述，但"行动不便"并不一定是"身体残疾"。显然，"行动不便"更具有笼统性，用这个词表达，会减轻对信息接收者的心理伤害。

4. 讲故事巧妙表达

讲故事的方式同样可以达到软化硬话的效果。你可以把自己的意见融入故事当中讲出来，让对方通过故事来消化你的意思，领悟自己的对错。与直言相比，能有效避免引起双方不快或损坏双方关系的情况出现。只不过在使用这种方法时，必须有合适的、能够完全表达自我意见的故事。

比如，借钱还钱，这是天经地义的事情。但很多时候我们碍于两人的关系，又担心直言"还钱"会伤了对方的自尊心，伤了彼此的和气，因此，提醒对方还钱的最好办法就是通过讲故事的方式巧妙表达。

说硬话，不是勇敢的表现，也不是硬气的表现。说软话，并不代表软弱和无能。很多时候，硬话说出来会伤人心，而机智地硬话软说，会达到润物细无声的效果。掌握硬话软说技巧，提升情商不再是难事。

巧用无声语言

语言是人们在沟通和交流过程中常用的表达方式，但除了语言表达，还有非语言表达，包括身姿、手势、表情、目光等，包括适当的眼神接触、积极参与、认真聆听，还包括用特定的手势帮助你表达想要重点强调的信息。这些非语言也可以称作"无声语言""肢体语言"。

如果你对别人挥拳头，这个动作表明你要威胁别人；如果你抚摸对方的头，表示你在安慰他们；如果你竖起大拇指，表示你对别人表示赞赏和佩服。如果有人主动帮助你，你冲着对方微笑，表示你对对方的肯定和赞许。显然，这些动作和表情都起到和语言相同的效果，有非常强烈的暗示作用。

当然，无声语言还是对有声语言传递信息的一种补充。如果你的语言带有真诚感，还应当充分利用面部表情和眼神来辅助和传递话语中的真诚，让你真诚的语言在与人相处的过程中发挥更大的作用。

根据相关研究数据显示：信息传达的过程，有 55% 是通过姿态、表情和动作来完成的，有 38% 是通过声调语气来完成的。这足见无声语言在人与人交往过程中发挥着不可估量的作用。声情并茂能够使得传达的信息被接收者更好地理解。高情商的人，都懂得借助这种无声的语言艺术，来提升良好的人际交往效果。反过来说，在与人交往的过程中，如果能够时刻注重使用无声语言、善于借助无声语言合理表达，则可以在长期训练过程中使情商得到有效提升。

著名心理学家艾米·卡蒂在研究肢体语言的过程中发现：使用积极肢体语言的人更受人喜爱、更富有竞争力、更有说服力，情商也更高。

肢体语言是我们的感受、态度的反映。有效地表达情绪和观点是衡量一个人情商的核心。如果一个人总是做出消极的肢体语言，他的负面情绪也会在周围人中蔓延开来。学会做出积极的肢体语言能够最大限度提高你的情商。

那么如何借助无声语言合理表达呢？

1. 注意姿势

在与人交往时，不要交叠双臂。因为这个姿势表示消极的态度，缺乏安全感，给人一种自我防卫的感觉。你可以双肩自然平放，两臂无交集。这个姿势表示对别人坦诚相待，对别人敞开胸怀。

不要合拢手掌或握拳示人，这个姿势表示你感到懊恼或性格倔强。在交流过程中善用你的双手，这样的姿势可展示你的个性，同时表示你在交流过程中开诚布公、无所隐藏。

2. 保持眼神接触

很多人在与对方交流时，目光闪烁或东张西望，不敢直视对方。做这些动作的人，往往在与人交流时，内心紧张不已，给人一种对话题根本不感兴趣，或对对方缺乏信任的感觉。

你可以尝试在与对方交流时，特别是你在聆听对方发言的时候，用2/3 的时间保持双方眼神交汇，剩下 1/3 的时间则应该移开视线，将焦点放在对方双眼和鼻子形成的三角区内。这样，对方会认为你在全神贯注地聆听，并能获得身心上的轻松感，认为与你交流是一件轻松和开心的事情。

3. 注意态度和表情自然流畅

要知道，在交流过程中，一个饱含善意的眼神、一个充满真诚的表情，往往胜过你的千言万语。试想，如果你语言精辟、极为煽情，但表情僵硬，是很难让对方真正感受到你内心的真诚的。因此，一定要注意态度和表情自然流畅。否则，你的假笑会被对方轻易看穿，即便你言辞上表示非常真诚，但你的肢体语言却悄悄地出卖了你。

无声语言是高情商人应当掌握的一种艺术。在表达过程中要自然得体，要像指挥家一样，即便非专业人士听不懂音乐中的意境，也能从其肢体语言上辨明其意。

反对之前先认同

有这样一句话说得非常好："真正的高情商，是不让自己和别人陷入尴尬的境地。"也就是说，无论一个人用什么方式和人相处，我们都可以根据其说话是否让人舒服，来判断一个人的情商高低。

在与人沟通中，说服对方是一件很难的事情。很多情况下，都需要我们借助合理的表达来说服对方，比如销售员说服客户购买；一家之主说服激励成员共同行动；职场中下属说服上司采取有效行动；等等。说服的意义在于当对方的观念和你的观念不一致时，要矫正对方的观念，让其观念与你的观念保持一致，不再存有异议。这样能很好地体现出一个人的高情商。

那么该如何说服对方呢？答案就是：一认同，二反对，三说服。

第一步：认同

我们在与别人争论一件事情的时候，对别人提出了反对意见。如果我们直接说："你说得不对，我认为应该是……"这样没等你说完一句，必定会遭到对方的反驳。随后便是一场喋喋不休的争吵，最后不欢而散。这样做，不但没有解决任何问题，还会使得双方之间的关系恶化。

我们不妨换一种方式，先表示对对方的认同。

例如，"你说得特别对，我也认为是这个样子。""你说的这个，我也很赞同。"

不论你后续说什么，最起码你开了一个好头，你对对方的认同，使对方已经在心里认为你是和他站在一条线上的。即便你后续提出反对意见，也会让对方的排斥感减少很多。

第二步：反对

由于前期已经通过站在对方角度考虑的方式，给对方留下了良好的印象，把你当作了自己人，接下来就可以将你的想法娓娓道来，在说的过程中，还要站在对方角度在思考过程中加入自己的想法。

例如，"我觉得你说得特别对，你一定是站在这个角度考虑的，非常不错。但我认为按照我的考虑其实也不错。我说说我的想法，当然，有不对的地方，还需要您多给意见和建议"。

这样的话，即便是对对方的否定，却能让对方听起来感到特别舒服。需要注意的是，尽量少用一些绝对性的否定词。

第三步：说服

在适当表达反对意见之后，接下来就是说服阶段。在说服的时候，依然要站在对方的角度，通过借助专业知识、实用案例或用推理的方式等说服对方。这样你的论据才更加充分，更有说服力。

　　高情商的人善于借助打太极的方式说服别人，能够张弛有力、进退有度地在对方与自我关系平衡的基础上实现自己的目标。

第三篇　提升篇

第八章 社交情商提升技巧：社交懂说话，做人有分寸

　　每个人的生活和工作是建立在社会关系基础上的。人与人之间无时无刻不在打交道，而人际关系的好坏，则取决于每个参与社交个体的情商高低。情商高的人懂说话，有分寸，总能将一言一行拿捏得恰到好处。在与其交谈的时候，总能给人一种舒适感，让人愿意与之相处和交往。这就是高情商人在社交关系中所体现的魅力。

掌握优雅自黑这门社交必杀技

真正高情商的人，在社交过程中都懂得"自黑"。自黑是一种境界，也是一种社交方式。

自黑，即自嘲。没有谁能拿你不在乎的东西来伤害你。这正是自黑背后的逻辑。自己能够率先将不好的一面说出来，这代表自己并不在乎、并不在意。把自己的"黑点"先说出来，便无人能黑。这便是社会心理学中的"出丑效应"。

1. 自黑的作用

在社交中，自黑有两方面作用：

（1）坦然应对压力和负面事件

人之所以有情绪和困惑，是因为有些东西不能接受、不能面对、不能放下。当别人拿自己尴尬的事情当作玩笑来调侃的时候，恰到好处地把自己的错误、失误、或有或无的糗事笑着说出来，能够坦然接受、面对和放下，这才是高情商的社交尴尬化解之道。敢于自黑的人能够放低身段，用嘲笑自己的方式，化被动为主动、反败为胜。这样会促使我们更加积极地看待自己。

（2）提升个人魅力

人人都有缺点，优雅自黑并不会降低你对人们的好感度，反而让人觉得你更加接地气，易于亲近。因此，没有必要担心在自黑时偶会暴露自己的缺点，优雅自黑会让你显得更有魅力。

因此，自黑并不是自毁形象，而是避其锋芒、出其不意的一种社交手段。自黑看似低智商，衬托出来的却是高情商。会自黑、自黑得漂亮，也是一种社交本事。优雅自黑是门社交必杀技。

2. 优雅自黑技巧

那么如何优雅自黑呢？以下是几个自黑技巧：

（1）以柔克刚

以柔克刚的方法，就是在社交过程中，如果对方用语言对你进行人身攻击或者因为你的糗事、错误、失误、尴尬而引发嘲笑，你要通过展现自己的口才，把对方对你的嘲讽通过自黑的方式放大化，通过相应的语言引导，化解对方对你的人身攻击和嘲笑。

一次，陈毅到亲戚家过中秋节。一进门就发现亲戚家书架上有好多好书，于是他拿起一本专心读了起来，边读边用毛笔批注。主人几次过来催他去吃饭，他却被这本书所吸引，迟迟不去。主人就把糍粑和糖端过来，让陈毅边看边吃。没想到，陈毅看得太入神，竟然把糍粑伸进砚台里，蘸着墨汁直接送到嘴里。亲戚们看到此情此景，都捧腹大笑。陈毅却说："吃点墨汁没有关系，我正觉得自己肚子里墨水太少呢！"

陈毅用自黑的方式使自己出丑的事情被人们忘记，相反记住了幽默、和蔼可亲的优点，让人们觉得陈毅是一个求知若渴的人，一种敬佩之情油然而生。

（2）欲褒先黑

欲褒先黑，顾名思义，是指在褒扬自己之前先自黑，即通过自黑的方式来展现自己的实力、优秀的一面等。自黑可以说是为褒扬做铺垫。欲褒先黑与欲扬先抑有异曲同工之妙。

一天，老师在课堂上讲了很多与书本知识毫无关系的内容，有一名学习成绩好的学生站起来说："老师，你不觉得你今天讲的东西跟我们要学的知识无关吗？你讲了这么多，我们考试又不考这些！""对啊，对啊。"随后有很多声音附和着。

此时，这位老师知道学生对自己花时间讲的这些内容很不满，但他并没有直接教训学生，因为这样做会被学生认为自己"不够大度""拿权力压人"，而是使用自黑的方法说道："觉得啊，我今天讲的内容是与你们的书本知识毫无关联，而且浪费了你们宝贵的时间。可是，同学们，我讲的这些做人做事的方式、方法，其他老师会讲给你们听吗？"此时，学生们都低头不语。

这位老师既没有责怪学生，也没有对学生的不满进行反驳，而是用欲褒先黑的方式，让学生明白他的用心，除了教授书本知识，他还关心学生的身心成长。

3. 自黑注意事项

如果"黑"得好的话，能为自己增添闪光点，如果"黑"得不好的话，就会使自己陷入更加尴尬的局面。自黑的时候需要注意以下几点，以保证提升自黑的成功概率。

（1）专注黑自己

自黑就是瞄准自己，向自己精准"开炮"，嘲讽、黑化自己。黑自己只是自己的事情，如果弄错了对象，就会冒犯到他人。

（2）避免过于黑化

适当自黑能够将自己的小缺点升华为个人魅力，但如果过于黑化自我，则会使自己真的"变黑"，以至于再也无法"洗白"。

（3）黑点要有可信度

自黑也要有依有据、有可信度。如果与实际情况不相符，或相去甚远，必定会让人心生厌恶。

（4）适时自我肯定

在自黑之余，要懂得适时进行自我肯定。要知道，自黑也是一种向他人展现自我能力的机会。

优雅自黑，是一种高情商社交技巧，这种方法不但不会使自己的形象受损，反而能更好地彰显自己的实力。掌握这门社交必杀技，你的情商将会得到更好的提升。

对人性深入洞察和掌握

人际交往中，涉及最多的就是人性。世界是不断向前推进的，人心也是不断变换的。但无论怎样，有智慧的人绝不会让自己说过头的话；情商高的人，总会透过人性找到更加有效的社交方式。情商的本质就是对人性的洞察。你掌握多少人性，有多高的情商，你的社交能力就有多强。

1. 人性内涵

什么是"人性"呢？人性是人的诉求。人类的人性包括五个方面，分别是：

（1）身份感

虽然说人生来就是平等的，但在人性中对于身份感却十分重视。尤其在职场中与一些大人物打交道的时候，身份感不容忽视。

（2）受益感

贪小便宜是一种常见的心理诉求，而且这种受益感在人与人交流的过程中无处不在，尤其在销售场景中，对受益感的感知更为强烈。

（3）尊重感

尊重感是人性中重要的一种诉求。如果我们在与对方沟通过程中，让对方获得尊重感，是实现良好沟通的润滑剂，会让你在社交中战无不胜。

（4）自豪感

自豪感往往是个体的自我感知，有时候这种感觉会自动触发，但有时候也需要在别人的刺激和激发下获得。

（5）荣誉感

荣誉感也是人性诉求之一。荣誉感不能带来直接的实际利益，但却可以直接满足人们的虚荣心，使得自我价值得到肯定。

2. 人性洞察方法

不同的诉求引发一个人产生不同的行为，而这个人的性格是其行为习惯的综合体现。我们在与对方沟通的过程中，通过观察对方行为习惯所表现出来的细枝末节，即可洞察其行为背后的人性。

（1）身份感

如果在与对方交谈的过程中，对方总是强调自己的身份和地位，那么这个人一定对身份感充满了强烈诉求。

（2）受益感

如果在与对方相处的过程中，对方总是喜欢向你炫耀他最近占了什么便宜、花小钱买到了非常值的东西，并表现出贪婪的样子，那么这个人一定具有强烈受益感。

（3）尊重感

每个人都是有血有肉的，也一样是有感情的，都有受到尊重的需要。其实著名心理学家马斯洛的需求层次理论中"人有受到他人尊重的需要"

就对此做了很好的诠释。所以，毫无疑问，每个人都有对尊重感的需求。

（4）自豪感

如果与你相处的这个人喜欢去做一些有意义、有价值的事情，这些都能让其引以为豪，这是其对自豪感的一种满足。

（5）荣誉感

在与对方相处的过程中，发现对方是一个极具虚荣心的人，十分看重别人对自己的评价，自我表现欲很强，那么这样的人就具有极强的荣誉感诉求。

3. 巧借人性与人相处的技巧

（1）身份感

高情商的人在与有身份感诉求的人相处时，懂得给予其足够的体面，让其在大众面前抬得起头，彰显其身份。你给足了对方面子，对方自然也会放下姿态，与你真诚相待。

（2）受益感

在与对方相处的过程中，让对方有所获、有所得，适当地给对方一些"甜头"，对方更愿意与你拉近距离，甚至心甘情愿为你办事，尽心尽力地帮助你。

（3）尊重感

当你做事情能站在对方的角度去感同身受时；当你接纳别人与自己不同的地方，不排斥、不藐视时；当你有一千个理由可以证明你是对的，却没有当众揭穿对方时，对方会从内心感受到你对他的尊重。情商高的人懂得尊重他人，因为由此可以产生无法估量的正面反应，可以在与他人相处的过程中，更好地成就自我。

（4）自豪感

如果你在与对方沟通的过程中，能够促发对方的自豪感，那么你就能快速走进对方心里。

每个人都希望自己最得意的事情能够被更多的人了解和传颂。因此，在与对方攀谈的过程中，挖掘对方认为人生中最得意的事情，并对其进行赞美，可以引发情感上的共鸣，进而增加对方的成就感和自豪感。

（5）荣誉感

当一个人的价值大于别人的认知，并得到别人的承认与重视时，就会产生荣誉感。荣誉感存在于每个人的心中，需要自我获取，也需要别人激发来获得。

从某种意义上讲，向对方请教，也是使对方获得荣誉感的有效方法。因为你在向别人请教的时候，就在变相地提升对方，贬低自己，这是一种对对方能力的赏识，会让对方内心愉悦。

在社交过程中，这种向对方请教问题的方式使其荣誉感倍增。通常，向对方请教的时候，可以从对方的创业史、成功秘诀、企业文化、个人才能的提升、独到的管理方式等方面入手，或者从对方最拿手、最擅长的地方入手，这样对方不但乐于赐教，还能通过你向其请教的行为获得优越感和荣誉感。另外，如果在请教过程中，你表现得很有悟性，让他感觉教起来很轻松，而你又学得很快，他就会视你为知己、同道中人，会进一步加深对方对你的信任，获得对方的好感，便于日后其他社交活动的开展。

行为习惯是解开人性的一把钥匙，以人性的满足换取人心的真诚交往，这是高情商人在社交中的最高境界。了解人性关系，懂得人性规则，你在人际交往中才会越来越好。

打好情感牌，进行有温度的社交

情商本身就与情绪、情感有关。在与人聊天中，如果说话没有温度，再加上一副冷冰冰的面孔，对方不但提不起兴趣，还会避而远之。这样的人，显然情商不够高。但如果你能打好手中的情感牌，与人交往时用感情沟通、付出爱与温暖，让别人感受到这份温暖，不但可以在别人心中留下好印象，还可以帮助你逆袭成为高情商社交高手。

掌握以下技巧，可以助你在社交中情商快速提升。

1. 成为一个有温度的人

人本身就是有情感的动物，我们需要情感的温暖，同时也可以把自己的情感灌注于他人，温暖他人。我们希望被别人认可和关注，也可以成为社交中认可和关注别人的人。高情商的人善于打好手中的情感牌，让自己在社交中成为一个有温度的人。

2. 要有一颗真诚的心

与人交往，一定要让对方感受到与你相处时的真诚与愉悦，要付出真心实意，才能从根本上打动对方。

刘备三顾茅庐的故事最为典型。

刘备十分钦佩诸葛亮的才华与能力，想请诸葛亮出山帮自己一统天下。于是，他来到隆中拜访诸葛亮，但诸葛亮不在家，刘备只能失望而归。之后，刘备听说诸葛亮回到了隆中，就再次出发。然而到了之后，书童却说诸葛亮被人请走了。

于是就有了第三次拜访。这次，在距离诸葛亮的茅草屋还有半里多地时，刘备便下马徒步前行。到达后，诸葛亮却在睡午觉。为了不打扰诸葛亮午休，刘备毕恭毕敬地在台阶下等候。诸葛亮看到刘备带着足够的诚心三顾茅庐，便答应与刘备共图大业。

正是因为刘备三顾茅庐的诚心打动了诸葛亮，才有诸葛亮为刘备建功立业的决心。试想一下，如果刘备带兵上山，强行带走诸葛亮为自己效力，又岂会让诸葛亮心感暖意？又岂能让诸葛亮为刘备鞠躬尽瘁死而后已？这足见刘备情商之高。诚心是最让人感到暖心的东西，是最能打动人心的东西。在人际交往关系中，诚心的重要性不容忽视。

3. 为他人着想的善良

凡是都从自身喜好出发，凡是心里都只装自己的人，在细枝末节上毫不退让的人，往往让人避而远之。在众人看来，这样的人内心是冰冷的，是没有大爱的。在与人相处的过程中，为他人着想，往往能给予他人温暖。一个心里总是装着别人，为别人着想的人，走到哪里都受欢迎，他的人生道路会越走越宽。

叶圣陶先生经常教育子女要多为他人着想。他曾经给孩子举过这样一个例子：一位父亲让儿子给他第一把剪刀，儿子随手递过去，没想到竟然把剪刀的刀尖一面递在了父亲手中。父亲于是对儿子说："在递给人一样东西时，要为对方着想，对方接到手方不方便、安不安全。你把剪刀刀尖递过去，人家不但需要把剪刀转过来，而且不小心还会被刀尖所伤。"

与他人相处，在细微之处就能体现出一个人的善良，让人心感暖意。叶圣陶先生教育子女与人相处的方法，教会了子女为他人着想的善良，着实暖化了每个人的心。

4. 充满正能量

你带着正能量与人相处，你的正能量会传染给对方，让对方感到温暖，使得对方也变得乐观、积极向上，朝着更加美好的人生迈进。这样的人在大众中是十分受欢迎的。

王霞是一个爱笑的女孩，在她乐观的背后，还有让人难以想象的故事。

　　王霞的父母离异，她一直跟着母亲生活。但一场车祸，给她和母亲带来了巨大的灾难。母亲因为车祸瘫痪多年，但王霞每天下班后都精心照顾母亲，无论工作多累，都会笑着和母亲聊天、开导母亲。

　　母亲生日那天，王霞会特意给母亲买一个大蛋糕，带去病房。她认为，虽然生活给了她沉重一击，但这样的仪式感不能缺少。她要尽自己的努力，报答生养自己的母亲，让母亲过好余生的每一天。王霞的身上总是充满正能量，乐观、坚强、上进。如果公司同事遇到挫折萎靡不振，王霞就主动上前安慰和鼓励对方。也正因为此，公司的每一位同事都和王霞关系很不错，得知王霞的情况后，大家也都伸出援助之手，给予王霞力所能及的帮助。

　　有一句话说得非常好："人与人之间最大的吸引力，不是你的容颜，不是你的财富，也不是你的才华，而是你传递给对方温暖和踏实，以及传递给对方的那份正能量。"每一个充满正能量的人都自带光芒，给人以温暖。

　　高情商的人与人交往，善于打出手中的情感牌，无论何时何地，总是给人以温暖和快乐，激励身边的人，给人以生活的动力和信心。正是这样的人，才受人尊敬，才能赢得好人缘。

巧用情感因素，引发情感共鸣

人与人相处，沟通是一个必备环节。要想让彼此相处的局面更加和谐，就要找到一定的情感突破口，引发情感共鸣，才能使得沟通持续下去。

在心理学中，有一个概念叫"情感共鸣"，也称作"情绪共鸣"，指的是通过相应的情绪或情感，刺激他人情绪或情感发生变化，引起他人情绪或情感产生与你自己相同或相似的反应。

在生活中，当我们走进一群乐观向上的人群时，我们的情绪也会受到感染而变得开心和愉悦；当我们走进一群悲伤的人群时，我们的情绪也会因此而变得消极和低沉。这就是我们看电视、电影时，会随着剧情的变化，时而捧腹大笑，时而泪流满面的原因。

具备高情商的人总是善于借助情感因素，引发情感共鸣，拉近心与心之间的距离。

能够引发情感共鸣的因素有哪些呢？

1. 人物

每一个人都有其鲜明的特点，其表现出来的饱满人物形象饱含着某种情感，在一定程度上可以引发情感共鸣。

比如，那些我们所熟知的励志人物、知名人物，他们的事迹已经成为家喻户晓的故事。当人们一提到某个励志人物、知名人物时，大家的脑海中就浮现出一个鲜明的形象。比如提到李嘉诚，我们的脑海中就出现了一个从一位名不见经传的小人物奋斗成为香港超级首富的形象；提到岳飞，脑海中就出现一个忠君爱国的民族英雄形象……

以人物作为情感因素，作为话题的切入点，就能在彼此之间快速引发情感共鸣。

2. 事情

一个富有情感寓意的典型故事、事件，可以引发对方感知，触发对方的情绪，从而唤起对方的情感共鸣。

伽利略年轻的时候，一心想在科学研究方面有所建树，但他的梦想首先需要得到父亲的支持和认可。

一天，他特意过来找父亲谈话，想要说服父亲。于是他找了一个话题，问道："父亲，我有一件事情想问你，是什么促成了您同母亲的婚事？"

父亲回答："因为你的母亲十分吸引我。"

伽利略继续问："那您有没有娶过别的女人？"

父亲说："没有啊。家人之前倒是给我介绍了一位富家女，但我只钟情于你母亲，她当时可是一位令人钦慕不已的女子呢。"

伽利略说："我母亲现在依旧令人钦慕不已。您当时选择娶我的母亲，那是因为您爱她。可我现在面临同样的处境。除科学以外，我不会选择其他任何职业，因为我唯独喜欢科学。其他职业对于我来说，毫无吸引力。我对科学的爱，就像您当时爱母亲一样。"

父亲说："你怎么会这么打比方呢？"

伽利略回答："没错，现在我已经18岁了，别的同学都已经在考虑自己的婚事了，但我却从没想过，我只想与科学为伴。相信我，我一定会成为一名杰出的学者，并以此为生，过上更好的生活。"

父亲静默沉思了一会儿，最终答应了伽利略的请求，表示愿意资助和给予他任何形式的帮助。后来，伽利略如愿以偿，成为世界上著名的科学家。

伽利略的高情商在于，他以父亲对母亲的爱慕这件事情作为情感入口，引发情感共鸣，进而将其嫁接到自己所钟情的科学上来，动之以情，晓之以理，最终说服了父亲。

3. 景物

当我们看到某一景物时，往往会触景生情。因此，景物也可以作为情感因素，唤起对方的情感共鸣。

比如，当我们一睹万里长城之风范时，就会触景生情，感慨中国古代劳动人民伟大的智慧，以此唤起对方的情感共鸣，产生自豪感。

在社交过程中，能否唤起对方的情感共鸣，是决定社交成败的关键因素之一。真正的情商高手善于从情感因素出发，选择适合的人、事、景作为契机，激发对方的情感体验，唤起情感共鸣，从而真正走进对方的内心世界，有效发挥自己的社交潜能。

对症下药搞定难相处之人

生活中总会遇到一些难相处的人，却因为各种原因，不得不和他们打交道。一个人的情商高低，往往看他能否与难相处的人友好相处。一个真正高情商的人，在与难相处的人交往中，既不会让自己受到委屈，又能让人际关系变得和谐友好。

那么该如何搞定难相处之人呢？

第一步：望闻问切——分析难相处对象的人格类型和特点

每个人的性格都不一样，要想和每一个人维持良好的人际关系，首先要分析其人格类型。知己知彼，才能百战不殆，收获良好的交际效果。难相处的人通常分为以下六种人格特征：

（1）桀骜不驯型

桀骜不驯的人往往盛气凌人，看不起那些低三下四的人。你越是迎合他，他越是看不起你。

（2）沉默寡言型

这样的人看似死气沉沉，不爱与人沟通和交流，被人称为"闷葫芦"。但这类人内心却是火热的，属于外冷内热型。

（3）深沉城府型

城府深的人往往深藏不露，喜怒不形于色，令人难以揣测其用心。

（4）性格孤僻型

性格孤僻的人性情急躁，易发怒，处理问题时十分容易情绪化，做事情喜欢为自己考虑。

（5）自我压抑型

自我压抑的人经常压抑自己，不表达自己的真实想法，不表达自己的真实情绪，因此别人很难真正了解他的内心，就会在不经意间冒犯了他。这样的人会让人觉得很难交流。

（6）性格古怪型

性格古怪的人往往阴晴不定，让人捉摸不透。上一秒还是晴空万里，下一秒就会雷雨交加，晴雨变换毫无规律可言。与这样的人相处，难上加难。

第二步：对症下药——对不同类型的人采取不同的相处方式

在明确不同难相处之人的性格特点之后，就可以根据其特点对症下药。

（1）桀骜不驯型

公司有一位"90后"，他无论技术能力还是战斗能力在公司里都是一等一，上司把工作交给他做，十分放心。但与此同时，他也是一个桀骜不驯的人。他经常上班迟到，即便上司叫他到办公室谈了好几次，但他依旧我行我素，并留下话："我愿意做的事情，你不给我钱我也做。我不愿意做的事情，即使你拿着刀子架在我脖子上我也不做。"让上司尴尬的是，公司又不能轻易辞掉他，一方面，他身居要职，另一方面，招聘新人、培养新人的成本太高，一时间难以找到能够胜任这份工作的人。为此，这位上司十分苦恼。

和桀骜不驯的人相处，要做到以下几点：

①平等合作。尊重对方的个性特质，肯定对方的价值，建立平等的、相互尊重的合作关系，而不是批判或情绪对抗的敌对关系，不是权威者与

服从者的关系。在这种平等状态下，才更容易建立情感上的联结。

②展现自我实力。桀骜不驯的人，更加愿意认同对方的能力，而不是权威。他们的内心中特别希望和有能力的人共事。因此，只有你展现出自己的实力，就有可能赢得其尊重，从而更好地"驯服"他们。

（2）沉默寡言型

要想和沉默寡言的人相处，就要做到以下几点：

①主动接触。沉默寡言的人并不轻易开口与人交谈，你需要主动靠近他们。只要你表现出足够的友善，久而久之，他们自然会接纳你，并把你当作很珍贵的朋友来对待。

②寻找共同话题。每个人都有自己的喜好和习惯。只要认真观察，会很容易发现。和沉默寡言的人相处，共同话题是打开他们话匣子的最好方法。有共同话题的人彼此之间更容易交流，更容易产生亲近感和信任感。只要你能说到他的心坎上，他自然会给你正向反馈。

（3）深沉城府型

要想和城府深的人相处，就要做到以下几点：

①适当装糊涂。对方越是心机重，你越要表现得糊涂，或是装看不见，这样对方就会放下对你的戒备之心，开始接纳你。

②表达善意。城府深的人很容易看穿你的小伎俩，一旦被看穿了，你们之间就很难继续相处下去。你可以在与其相处的过程中表达真诚的善意，让他们打开心扉，放下戒备。

（4）性格孤僻型

要想和性格孤僻的人相处，就要做到以下几点：

①相互尊重。性格孤僻的人自尊心很强，与他们相处，一定要尊重对方，说话不走极端，不对他们评头论足。否则会让他们觉得你在挖苦他们，会引发他们情绪波动。他们越是感到自己被尊重，就越会尊重你，也就越主动靠近你。

②多加宽容。性格孤僻的人做任何事情都十分上心，是完美主义者，他们容不得自己犯错。当他们犯错时，不要大加指责，给他们一些积极的心理暗示，让他们认识到自己错误的同时，对你尊敬有加，愿意与你交心。

（5）自我压抑型

要想和性格孤僻的人相处，就要善意引导对方释放情绪。

金碧辉煌的皇宫里，住着一个聪明的国王。一天国王外出，有一个小怪兽趁机闯入皇宫。由于怪兽外表丑陋，它遭到了守卫们的嘲笑。"你奇丑无比，连呼吸皇宫的空气都不配。"这句话仿佛有魔力一般，小怪兽听后居然一点点地变大了。

守卫越嘲笑，越抵抗，怪兽就变得越强大。最终，怪兽破墙而入，控制了整个皇宫。正当大家束手无策的时候，国王回来了。他的做法让人大吃一惊，他并没有驱赶怪兽，反而热情地说："欢迎你，你需要什么帮助吗？""来人，赶紧照顾我的这位朋友！""如果你愿意的话，可以一直待在皇宫。"随着国王一句句温柔的话语，怪兽逐渐变小，最后消失了。

嘲笑使得怪兽变得强大，善意对待使得怪兽变得温顺。这就好比人的情绪一样，越压抑自己的情绪，越容易情绪化。因此，你明知道和对方相处十分压抑，你更需要以平常心对待对方，尝试调动对方的积极情绪，并引导对方正确表达自己的情绪。这样你才能更好地知道下一步该如何做，才能与对方相处得更加融洽。

（6）性格古怪型

与性格古怪的人相处，最好能够与其耐心沟通，沟通是心与心之间联结的桥梁，在耐心沟通之后，才能更好地了解对方情绪背后的真实原因，并想办法让他们情绪的需求得以满足。这是你能够与他们和谐相处迈出的第一步。

与难相处的人相处，其实也是训练我们提升自我情商的一种方法。我们无法让任何人都与我们很好相处，但我们可以通过改变自己的不足之处、提升自己的情商主动与他们接触，让他们改变对我们的看法主动接近我们，与我们友好相处。

保持界限，保留底线

很多人在与人相处的过程中，总是认为彼此关系已经十分亲密，侵入对方的私生活，更能体现两人的亲密关系。但这种情况往往会带来糟糕的结果。

李默然过年难得回家一趟，但回到家却总是遭受到七大姑八大姨的热情审问："交女朋友了吗？"前几年，李默然还没有交女朋友，七大姑八大姨得知后便是一番热情介绍，在自己还没回过神的时候，电话号码和微信已经被推给了许多素昧平生的陌生人，李默然不知如何应对，被弄得焦头烂额。不久前，李默然真的经同事介绍交了女友，还处于了解期。七大姑八大姨得知后便强烈要求与女友视频，要对女友考察一番。李默然是一个十分诚实的人，又顾及对长辈的尊敬，就同意了。视频刚连接上，七大姑八大姨就让人家姑娘喊自己姑姑，喊自己阿姨，还要问人家姑娘的家庭状况，让人家姑娘站远点，看看体态，是不是好生养。女友哪里见过这样的阵仗和要求，当即找了个理由挂断视频。事后发微信给李默然说："我觉得我们不合适，未来我可能应付不过来你的那些七大姑八大姨。"原本李默然挺喜欢这位姑娘，没想到就这样被七大姑八大姨搅和黄了。为此，李默然心里难过了好久。

对于七大姑八大姨来讲，她们认为这样关心李默然，是对李默然好，但正是因为这样的关心和所谓的"好"，给李默然带来了悲伤和难过。

人与人走得太近，反而是一种伤害。在生活中，总是有人以"关心""对你好"的名义，过分热情地侵入我们的生活，这不但没有让我们真的好起来，反而变得越来越糟糕。人与人最佳的相处方式，就是有空间，有界限，留底线。保持界限，保留底线，是一条社交铁则。具备高情商的人都懂得这一点。

什么是界限感？什么是底线？就是人与人之间相处要有分寸。为人处世，要做到进退有度、有理有据，不触碰别人的最低容忍度。至少不让人厌烦，甚至鄙视。

叔本华曾经讲过一个有趣的故事：

两只刺猬在寒冬来临之际，需要靠在一起相互取暖来保命。但问题是，两只刺猬如果靠得太近，就会彼此扎伤对方；如果离得太远，就不能达到取暖效果，会被活活冻死。如何解决这个难题呢？答案就是两只刺猬不断调整彼此之间的距离，保证自己不会被对方扎伤的同时，还要达到保暖效果的最大化。

　　这就是著名的"刺猬效应"中的"安全距离"，十分适合人际交往关系。高情商人的一条重要处事原则是：人与人交往，最舒服的关系，就是有界限、有底线。亲人之间有界限、有底线，是尊重；朋友之间有界限、有底线，是友好；陌生人之间有界限、有底线，是礼貌。以这种方式相处，会让亲情更和谐，友情更稳定，爱情更甜蜜。

　　在人际交往中，很多人不明确自己的界限应该在哪里，这也是使社交关系变得紧张与不和谐的原因。花时间明确自己的界限和底线在哪里十分重要。如何才能在社交过程中保持界限、保留底线呢？

　　需要经历以下五个步骤：

第一步：增强自己的界限、分寸意识

　　很多时候，没有意识到界限问题的人，会在社交过程中后知后觉。因此，一定要注意自己在什么情况下会因为失去界限和分寸而过于干涉别人的生活和工作等。及时辨别这些情况十分重要，在下次出现相同情况的时候，就能把控自己的界限、分寸意识。

第二步：认清自己界限、分寸意识模糊的原因

　　有的人不是没有界限和分寸意识，而是界限和分寸意识模糊不清。我们可以回顾发生的问题，从中找到答案，是过度承担了他人的责任？是应当承担的责任超过了自己应有的范围？找到原因后，就可以有针对性地寻找转变途径。

第三步：看到界限和分寸问题背后的诉求

人的每一个行为背后，都隐藏着强烈的诉求。如果我们违背界限和分寸行事，就说明我们内心有想要被满足的东西，如渴望得到别人的赞扬、渴望表现自我实力等。

第四步：培养内在与外在自我满足的能力

在发现界限和分寸问题背后的诉求后，就要想方设法进行自我治愈。例如正确认识自我价值，以正确的心态，不逾规、不越界限地帮助别人，才能得到别人的认同和赞美。

第五步：进行自我界限和分寸把控实践

自我界限和分寸意识的建立不是一蹴而就的事情，需要经过长时间实践才能逐渐形成。但在实践中，需要先从小范围内与自己的亲人、朋友等相处的过程中进行练习，逐步建立信心，以达到建立稳定自我界限和自我分寸意识的目的。

社交过程中保持界限、保留底线，应当注意：

①不要太把自己当回事。任何时候，不要把自己当作"救世主"，用"我都是为你好"来绑架他人。你的过分关心，不但不能给对方带来帮助，反而会对对方造成伤害。

②不要把自己的想法强加于人。生活中，有很多人表现出极强的控制欲，总喜欢把自己的想法强加于人，并认为自己的做法是正确的。著名作家、哲学家列夫·托尔斯泰说过："你不是我，你怎知我走过的路，心中

的苦与乐。"不要凭借自己有限的认知、经历，错误地认为别人也有和你一样的认知和经历。你没有走对方走过的路，永远不知道对方的真实想法。所以，我们能做的就是不要把自己的意愿强加给对方，要留有空间和距离，尊重对方的选择。

交往如尺，要有度。无论与谁交往，都要弄清自己与他人的关系，摆清自己的位置，有边界、有底线，这是一种高级的社交智慧。

第九章　职场情商提升技巧：起底职场生存法则

　　有人的地方，就有江湖；有江湖的地方，就需要情商。职场是个小型社交圈，会说话、会做事、情商高的职场人，往往能在职场圈子中混得风生水起。他们总能把话说漂亮，把事情干漂亮，轻松处理好与同事、上司、下属、客户之间的关系。每一个职场人都必须练就职场情商技巧，这是职场生存的一项必备法则。

高情商同事之间相处之道：不越界、不逢迎、不委屈

职场就像一个微型的社交圈子，每天与你相处的同事有很多，既是同一战线的战友，又与我们之间存在激烈的竞争。与同事之间相处得好，你在职场的发展如鱼得水；相处得不好，则会处处受绊，工作不能顺利开展。

人们总觉得工作难，其实职场关系更难。掌握好以下几个相处原则，你的情商会越来越高。

原则一：不越界

虽然同事是我们最好的战友，但我们一定要明白同事与朋友的界限。

有一位职场研究专家说过："如果你学会了不与同事交朋友，那么你的人际关系管理才算及格。"

朋友之间是一种十分亲密的关系。为什么不可以与同事成为朋友、过于亲密呢？

因为，朋友之间更加侧重于情谊，同事之间更加侧重于做事，而且同事之间存在一定的竞争关系。在这个充满竞争和利益的大环境中，要想交

到真心朋友，十分不易。职场中的友情是很容易因为竞争和利益关系而土崩瓦解。

很多时候，我们在职场生存中会发现，当我们在与同事相处的过程中掺杂了过多情感时，就会导致自己在工作时因这份情感而受到不必要的影响。

同事之间相处就是为了公事，做好工作是同事之间相处的前提。走得过近，过于亲密，同事自然就了解了你的长处和短处，甚至掌握了你的隐私。当出现利益冲突或激烈竞争时，就能精准地击败你。

小赵是空降到公司销售一部的经理。来后不久，她结识销售二部经理湘姐。因为是老乡的缘故，两人的背景又差不多，因此关系自然与别人有所不同。每次小赵都会亲切地喊一声"湘姐"。

两年后的一天，湘姐从小道消息得知公司以各部门销售经理的业绩考核指标为依据，要提拔一位经理去北京做华北区销售经理。湘姐知道小赵这两年在公司的业绩突出，是自己最大的竞争对手。于是湘姐便在小赵不知情的情况下，上演了一场苦情计，希望小赵能把手里即将成交的一单生意让给她。小赵出于两人的交情，再加上老乡关系，认为大家在外不容易，应当多照顾湘姐，就直接答应了。这样，湘姐就成功撬走了小赵的一单大生意。也正因为此，小赵的绩效落在了湘姐之后。这样一来，湘姐便不声不响地干掉了自己的竞争对手，成功晋级为华北区销售经理。而小赵得知实情后，后悔不已，感慨自己遇人不淑、识人不清。

如果小赵能在开始的时候就明白同事和朋友的界限，知道与同事相处应当坚持的原则，就不会发生后来让自己懊恼不已的事情。

因此，身处职场一定要明白，同事之间的关系仅限于完成工作任务，绝不可以走得太近。同事之间最好的关系就是既保持独立，又相互扶持，合作关系才是同事之间最长久的关系。

原则二：不逢迎

职场中，很多人认为要与同事建立起良好关系，就要多迎合对方、讨好对方。其实，你在逢迎对方的时候，已经让自己陷入了不利境地。

（1）丧失自我

我们在讨好别人、迎合别人的时候，往往并不是发自内心想要为对方做一件事情，而是为了让对方开心和高兴。此时，我们已经失去了对事情的基本判断和处置的能力，这是一种丧失自我的表现。

（2）自贬身价

通常而言，那些低三下四讨好别人的人，往往把自己放得很低，把别人抬得很高。这是一种建立在不平等关系基础上的讨好和迎合。久而久之，对方会认为你为他做的任何事情都是应该的，甚至把你对他的讨好当成一种习惯。如果哪天你没有这么做，必定会被对方毫不留情地指责。

（3）身心疲惫

讨好别人并不是一件轻松的事情，我们为了让对方开心，需要花时间、花心思去为其做很多事情。人的时间和精力都是有限的，如此经年累月下去，必定让我们身心疲惫不堪。

记住，任何时候都不要逢迎、讨好你的同事，因为你与同事之间良好关系的建立并不是你一味地去讨好别人，而是需要你不断进行自我能力的提升。正所谓"你若盛开，蝴蝶自来"。当你逐渐强大以后，你与同事之间的关系便是另外一番景象。

原则三：不委屈

虽然说"吃亏是福"，但也不能与同事相处的时候让自己吃亏到委屈。因为太过忍让，只能换来别人对你一味地欺压。

小欧是个老实人，对公司同事有求必应。一次，上司要求同事史俊在第二天上班之前把公司报表做出来。然而在剩下最后一小部分的时候，史俊发现有一个数据弄错了，要是重新返工，恐怕难以完成上司交代的任务，如果继续错下去，是要担责任的。于是，他以家里有急事为借口，便将手里的工作交给小欧，让小欧帮忙去做。虽然有些不情愿，但小欧出于好心，便揽下了这原本不属于自己的活。终于，在晚上十点之前，小欧把史俊交代的工作完成了，并且发送给了史俊，叮嘱史俊核对一下。史俊拿到报表后看也没看，第二天就直接交给了上司。上司发现其中的错误后，便把史俊叫到办公室训斥。没想到，史俊却说自己昨天有事到点就下班了，剩余的是小欧帮自己做的，是小欧不小心弄错了。小欧被叫到办公室后才知道，原来自己出于一片好心帮忙，不但没有得到史俊的感激，还要为史俊背黑锅。小欧委屈极了。

职场中，这样的委屈不在少数。如果你选择沉默，那么以后必定还会遇到更多让你感到委屈的事情。如果你奋力自证清白，那么以后没有谁再敢随心所欲地欺负你、忽视你。与同事相处，要有选择性地帮助别人，要学会说"不"，学会拒绝，才不会让自己处于委屈的境地。

高情商员工与上司相处之道：会说能干，给足面子

戴尔·卡耐基说过："一个人在事业上的成功，仅有15%靠他的专业技术，另外85%要靠他的处世技巧和人际关系。"作为一名员工，除了你的工作能力之外，能与领导和睦相处、保持良好的上下级关系，是你在公司升职加薪的关键。

和上司相处是对员工情商的一种考验。高情商员工在与上司相处时，需要做到以下几点：

1. 给足上司面子

上司是公司的领导者、管理者，在公司是权力的代表。高情商员工都明白，所有的领导都喜欢高高在上的感觉。作为下属，应当给上司足够

的尊重和面子，让上司时刻拥有这种高高在上的满足感。这样的员工，在上司的眼中，才是有眼力见、会做事情、会说话的员工，从而深受上司的喜爱。

2. 帮上司解决麻烦

上司虽然有权力，但在工作中难免会遇到一些麻烦和糟心事。作为员工，能提前思考工作中的一切，帮助上司清除一切工作中的障碍，帮助上司解决那些难题和麻烦，那么总有一天你为上司所做的这一切会被他发现，他会对你另眼相看、大加赞赏，并认为你就是他的左膀右臂。此时，你已经在上司的心中牢牢扎根，你对他的重要性不可替代，他便会委任你更加重要的工作和岗位。

3. 敢于指出错误

很多员工认为，上司就是自己的天，上司说什么自己照做就对了，只有做好了，才能受到上司的青睐。这句话说得没错，但我们在照做之余，更应当有自己的想法、有辨别对错与否的能力，否则一味盲目照做，是一种对自己工作不负责任的表现。上司喜欢的并不是刻板的"机械式员工"，而是那些有头脑、善于积极思考的"智能化员工"。如果你在工作中善于发现错误、敢于向上司进言，指出上司的错误，那么你这样做在上司看来是在为公司止损，英明的上司一定会对你肯定有加、感谢有加。

相信很多员工认为指出上司的错误会让上司颜面扫地。这是因为你没有掌握恰当的技巧。

（1）提出新建议

直来直去地推翻上司的说法，会让上司失了面子。可以采用向上司提供新建议的方式来委婉表达。

例如，公司制定新的市场拓展方案，上司突发奇想了一个方案。但你作为市场一线的推销员，对市场的需求和发展趋势是最了解的，你一眼就能发现上司给出的方案在可行性方面有所欠缺。此时最好的做法不是直接告诉上司这个方案的不恰当之处，而是另做一个优化的方案，将其提供给上司，并询问上司："王总，您看这个方案怎么样？"上司看后自然能做出公正的判断。当然，这需要你提供的方案更加优质。

（2）摆好心态和态度

"人非圣贤，孰能无过"。不要在上司出错时，怀着一种嘲笑的心态，并以自己看出上司出错而扬扬得意的态度去和上司交流。不卑不亢才是最正确的沟通方式。

4.巧妙赞美却不被认为是"拍马屁"

员工会说话也是一种高情商的表现。工作中，如果你会说话，每次都能把话说到上司的心坎上，那么你与上司相处的时候会比较融洽。上司在公司调岗加薪的时候，也会将你考虑在首位。但与上司相处，很多时候一旦讨好、赞美不成功，反而会被认为是在"拍马屁"。

高情商员工在与上司相处时，不但明白赞扬的重要性，还能将赞美技术运用得炉火纯青。这是与上司建立和谐人际关系的基础之一。那么如何才能在赞美上司时不被认为是在"拍马屁"呢？

（1）发自内心地赞美

想要赞美上司，你说出的每一句话都应当是发自内心的，这样才能让对方感受到你的真诚。

（2）从实际情况出发

赞美上司一定要从对方的实际情况出发，过于夸张、夸大的赞美之词只会让对方听后感到十分厌恶。这样你在上司心中的形象也会大大受损。

小茜的上司是一位女领导。在一次公司组织聚餐时，大家都趁着敬酒的机会赞美上司。小茜作为新入职的员工，更是希望借此机会能拉近与上司的关系。小茜实在是不知道如何开口赞美，便心想女士都喜欢听"变美了""变瘦了"之类的话，于是开口便说："萧总身材真好，真让我们羡慕。"没想到，她的上司听后脸色突然大变。因为她的上司体型偏胖，而且不太匀称，并不像小茜说的那样身材好。说完后，再看看上司的脸色，小茜知道自己说错话了，便想找个地洞钻进去。

显然，小茜没有从实际出发，导致她对上司的赞美达到了相反的效果。

（3）用朴实无华的语言

赞美上司不需要华丽的辞藻，朴实无华的语言，则给人一种真心实意赞美的感觉。

作为一个高情商下属，只有会说能干，给足上司面子，才能在职场中越来越受重用。

高情商领导与下属相处之道：消除距离感，对事不对人

很多人认为，领导与下属之间的关系是相互对立的，所以领导与下属很难走近。一个没有"心腹"、无法和下属打成一片、缺乏人缘的领导，是无法让下属为其拼命工作的。这样的领导给人一种领导力平平的感觉，久而久之，其领导生涯也便到了头。

高情商领导在与下属相处的过程中，深谙以下相处之道。

1. 善于突破距离感

职场中，员工都希望自己能与领导走得更近，但很多时候，领导表现出盛气凌人、高高在上的样子，让人望而却步。这样的领导，很难有员工掏心窝地为其效力。即便有员工对其毕恭毕敬，也不是发自内心的，而是迫于其权势。因此，突破与下属之间的距离感，拉近与下属之间的距离，是顶级情商领导的聪明之举。

突破距离感，可从以下几方面入手：

（1）幽默接地气

很多领导平时为了树立自己的威严，板着一张脸，总给人高高在上的感觉，使得员工不敢靠近，甚至员工看到这样的领导，内心就会莫名感到紧张，更不用说与其开怀畅谈。真正的高情商领导懂得有一种魅力叫作幽默。幽默的人能给人接地气的感觉。与员工沟通时语言诙谐幽默，可以改善自己在下属心中的高高在上的形象，使之更具人性化，有效增强自身魅力，能够更好地得到下属的支持和拥护，实现有效领导。

一位公司高层组织下属举办一场聚餐，以庆祝上半年公司业绩上扬。一名公司新入职的员工，因为自己没有什么业绩，便自告奋勇地做一位斟酒者。他准备给总经理斟酒时，由于过度紧张，一不小心把一整瓶酒倒在了总经理的头上，而且这位总经理头发稀疏，被倒了酒之后显得头发更加稀疏。这时，全场人都愣住了，认为新职员让总经理当众如此尴尬，必定没有好结果。而那位新职员知道自己闯了祸，更是诚惶诚恐，连连道歉。没想到，总经理自己拿来餐巾纸擦了擦头顶，然后笑着对这位新职员说："老弟，你以为这种方法就能让我头发再生？"

这位总经理在关键时刻，用幽默不仅化解了尴尬，还让自己的下属觉得自己的领导很接地气、没架子，会更加死心塌地地追随。

（2）用共情与下属沟通

领导与下属相处时，能够打破彼此隔阂的是共情。高情商领导往往具有较强的共情能力，懂得换位思考，可以站在下属的角度思考问题。这样的领导通过感同身受，领会到下属的情绪和观点，能更好地拉近与下属之间的距离，使得自己说出来的话能让下属更好地接纳和服从。

（3）沟通中表现出关怀和真诚

一个善于倾听并把下属的需求置于自己需求之上的领导，往往给下属一种对自己关怀、待自己真诚的感觉。下属会因此以更加真诚的方式回馈领导。高情商领导十分善于用对下属的关怀和真诚营造个人魅力，吸引下属纷纷追随。

2. 对事不对人

高情商领导都知道，批评和赞美下属，对事不对人。

（1）对事情进行客观评价

领导在批评下属的时候，常常会因为稍不留神就将下属的基本素质牵扯进来。这样做其实是在全盘否定一个下属的能力，会让下属听后感觉很不舒服，产生自卑心理，甚至会失去改正的希望。

比如，领导在批评下属的时候，可以说："小刘，你这次展览办得不是很好。"而不要说："小刘，你怎么越来越迟钝啊，这点事情都办不好。"

（2）重用能力强的下属

没有人敢说自己永远不会犯错，也从来没有犯过错。犯错是人之常情。高情商领导不会因为之前哪个下属做错事，就将其划入"坏员工"

行列，永远不再重用。这样会使员工久而久之变成公司里工作最差的那一个。

对于犯过错误的下属，领导不要一棍子打死，要善于发现和挖掘其潜力。只要其能力强，就要给其重用的机会。越是这样，越能让下属怀着感恩之情更加努力工作，减少犯错概率。

领导与下属之间关系的好坏，直接决定了工作任务完成的好坏。一个高情商领导必定领导有方，能够与下属建立起和谐的关系，实现高效工作。

高情商销售之道：打动客户才更容易成交

在销售领域，人们普遍认为：销售业绩的高低就是对销售员情商高低的评判标准。的确，在当前这个信息化时代，同业、异业竞争异常激烈，产品同质化越来越严重。另外，消费者也变得越来越有主见，他们已经不像过去那样被销售员牵着鼻子走。

在这种大环境下，销售员如何促使消费者主动购买商品，如何在竞争中领先于人？最有效的方法就是"打动客户"。

一个好的销售员，就是一个情商高手。在销售过程中，95%的时间是用来和客户谈感情的，只有5%的时间是用来和客户谈销售的。如果能够在这 95% 的时间里，保质保量地攻陷客户的心，那么剩下的 5% 时间就可以轻松达成交易。

那么在销售过程中如何才能打动客户呢？

1. 给客户力所能及的帮助

人都是有情感的，会因为外界的影响而感动。在销售过程中，很多人为了自己的利益，用自己的三寸不烂之舌劝说客户消费，这样做往往令客户产生戒备心理，难以达成交易。如果换一种方式，给客户力所能及的帮助，让客户感知到你是在真心实意地替他着想，他们内心那根弦才能被触动，进而放下戒备，愿意与你形成买卖合作关系。这也是高情商销售成功打动客户的秘诀。

张先生平时非常节俭，一台私家车开了好多年，已经十分老旧。但张先生却是一个汽车爱好者，经常喜欢去汽车店体验一些最新上市的汽车。由于每次总是只看不买，附近的很多汽车销售员都认识他。他们经常向张先生推销自己的车："张先生，您的车都那么旧了，也该换辆新车啦。""您的车都可以进博物馆了，开这种车上路都会让人觉得格格不入，赶紧换台新的吧。"每次张先生听到这些惯用的推销语，都会反感至极。

有一天，一家汽车店新来了一位年轻的销售员。在张先生看车的时候，这位年轻人走过来，并没有向张先生推销车，而是说："没事，您喜欢就体验体验。我看您的车在当时也算是高性能产品，品质不错，起码还能再用一年半载。这是我的名片，您以后如果有什么需要帮助的，可以来找我。"说完便离开了。张先生觉得这位年轻人和其他人不一样，对这位年轻人顿时产生了一种亲切感，不知不觉放下了心中的戒备。再转头看看自己的车，的确该换了。于是就从这位年轻销售员那里买了一台自己心仪已久的车。

年轻销售员的一句"您以后如果有什么需要帮助的，可以来找我"，瞬间让张先生心中升起一股暖意，这是这位销售员成功的关键。

2. 给予客户亲情感

亲情感就是让客户感觉到我们对其亲人般的照顾是发自肺腑的，就应当用实实在在的行动来证明，而不是将"亲人"两个字挂在嘴边。高情商销售员会在发现客户需要帮助时主动出击。比如天气转凉，要特别温馨提醒客户"天气降温，多添加衣物"，就远远不如给客户买一双手套实在，这样能让客户产生一种强烈的亲情感。

3. 读懂并满足客户的心理需求

销售本质上是在考验销售员的沟通能力。高情商销售员不但能充当商品推荐者，还是一个很好的沟通者，能够在与客户沟通的过程中读懂其心理需求，并尽力满足客户的心理需求。

有的客户希望销售员能够根据自己的要求为其准确推荐产品，而有的客户对自己想要的产品的表述含混不清，此时你如果能从他含混不清的表达中读懂他的心理需求，对方就会认为你是最懂他的人，甚至把你当作他的知己，进一步加深对你的信任。此时，你只要为客户提供能够满足其心理需求的商品，那么达成交易则是水到渠成的事情。

4. 使客户觉得产品或服务物超所值

能够打动客户，让客户下定决心购买，除了用真情实意打动他们，还有一个原因，就是让客户觉得你的产品或服务物超所值。客户购买产品或服务的时候，往往考虑的是产品品质高不高、产品性能好不好、产品能否给自己带来安全感、性价比高不高等。高情商销售员会从这些方面入手，通过与竞品进行对比、通过价格与价值进行对比，让客户真正感觉到物超所值。

小丽是一家软件公司的销售员，她所销售的一种绘图软件的售价是3600元。客户觉得小丽的产品不错，但价格贵了点，所以在好几种软件产品上举棋不定。小丽读懂了客户的想法，便问这位客户："您平时绘图麻不麻烦？您以前用的软件大概一幅成品多久才能出来呢？"客户回答："以前平均3天才能出来。"小丽趁机说："我们这款软件，授权使用时间为10年，也就是大约3600天，平均下来每天的成本才1元。但是这1元对于您来说，却可以节省很多时间，提高您的出图效率。我们这款软件的平均出图时间为一天半。这样的话，您出图的效率高了，收益自然也就高了。

两相比较，您觉得值不值？"客户觉得小丽的分析很对，这款绘图软件的确很值。于是当即决定购买一套。

客户对于价值和价格的感知是十分敏感的，如果感知利益高于感知成本，在他们眼里是物超所值；如果感知利益低于感知成本，他们会认为价格与价值不对等。小丽巧妙地使用了价格拆分法，让客户觉得产品价格足够便宜，满足了客户物超所值的心理需求，让客户觉得购买当前的产品就是做得最划算的决定。

高情商销售员在搞定客户时，重在攻陷客户的内心。他们更加懂得读懂客户所想与所需，并对其付出真情，让其心理需求得到最大的满足。理解了客户心理，能更准确地抓住客户痛点，也正因为此，他们获得了更多与客户成交的机会。

高情商谈判之道：有原则有底线，灵活化解冲突

谈判就是为了促进彼此合作，共同达到一定的经济目的。职场中，我们会遇到形形色色的谈判对手，会遇到涉及多方利益的经济活动，如薪资谈判，不容我们有片刻大意。

在谈判过程中，每一方都有自己的立场，都在最大限度地为自己争取更多的利益。因此经常会使彼此陷入僵局，甚至到最后谈判各方不欢而散，失去进一步合作的机会。

谈判其实是一个技术活。很多人谈判只有两种结果：能谈得拢，皆大欢喜；谈不拢，不欢而散。那些高情商的人是天生的谈判高手，他们总能在谈判中取胜。他们是如何巧妙谈判，让自己的利益实现最大化的呢？

1.掌握对方的谈判风格

商场谈判就像战场作战。知己知彼，才能百战不殆。在谈判前，首先要明确对方的谈判风格，这样便于我们在商务谈判中随机应变，适当调整自己的谈判方式，以达到预期目的。

2.做好谈判前的准备

任何时候都不打无准备之仗。谈判桌上风云变幻，只有做好充分准备，才能灵活处理，保证商谈取得成功。

（1）确定谈判目标

有目标才有方向，才有谈判立场。在商谈过程中，最重要的就是双方的利益问题。一定要确立一个底线，一旦超越这个底线，谈判则无法进行。

（2）确立谈判策略

谈判虽然要随机应变，但也要预想几种可能出现的情况，以便做好相应的准备工作。在谈判过程中，恰当使用谈判技巧和策略，可以使得谈判顺利进行，并取得成功。

以下提供一些谈判技巧，仅供参考：

①刚柔并济。在谈判中，如果你态度过于强硬，过于坚持自己的立场，不肯适当松口，那么最终的结果只能是谈崩；如果你过于软弱，唯唯诺诺，那么最终的结果只能是受制于人。在谈判中，要想赢，并且赢得漂亮，在学会"唱红脸"的同时，还要"唱白脸"。"唱红脸"时，要表现出态度强硬、立场坚定；"唱白脸"时，要态度和蔼、言语柔和。这样刚柔并济，在谈判过程中留有余地，才能让自己在处于僵局的时刻，还能从中回旋，尽可能地挽回损失。

②拖延回旋。如果在商谈中遇到态度强硬、咄咄逼人的对手，就要采取拖延回旋战术。所谓拖延回旋，就是通过多个回合的拉锯战，使得居高临下的商谈对手感到疲劳、挫其锐气，同时给自己留有一线喘息的机会，寻找能够反败为胜的契机。

③以退为进。以退为进的操作方法有两种：

第一种操作方法是先让对方开口，说出自己的立场，我方耐心聆听。在聆听过程中抓住对方的破绽，然后出其不意、攻其不备，逼迫其做出让步。

甲公司派小张与乙公司小李进行一项技术协作谈判。在谈判开始的时候，小李便拿着各种技术数据、资料等，滔滔不绝地发表公司的立场，而小张则一言不发，仔细听小李的每一句话，并认真做笔记。在小李讲了几个小时后，询问小张的意见时，小张说自己听了之后比较迷惘，需要回去好好准备一下，熟悉一下乙公司的项目。于是，双方公司的谈判被迫终止。

事实上，甲公司的小张是在故意拖延时间，以便从小李提供的乙公司数据、资料等中寻找破绽和突破口。第二天，谈判继续进行，没想到的是，甲公司已经找到了应对乙公司的方法。由于乙公司的技术有些许欠缺，所以同类型竞品当中，虽然乙公司的产品在使用上不受影响，但在价位上有下降空间。甲公司就以此为由，成功以较低的价格与乙公司达成协议。

甲公司在谈判过程中使用了以退为进、拖延回旋的战略战术，找到突破口，成功占领了谈判高地，成为商谈中的胜利者。

第二种操作方法就是表面上示弱或作出让步，实则为了达成自己的目标，使自己的利益最大化。需要注意的是：在谈判过程中，不到让步的时候绝不让步，否则，会让对方得寸进尺，使自己吃亏更多；让步幅度要适中，一般来说，让步幅度小，可以让对方认为你的让步很艰难，能让你让步是他方已经取得了胜利；此外，你做出的每一次让步，都要有所得，这样才能取得实质性胜利。

④以利诱之。利诱是一个很好的武器。给对方施以小恩小惠，会促成

协议的达成。需要注意的是，利诱一定要投其所好，才能更加精准地达成商谈目标。

其实，在商谈过程中，只要提前做好功课，在原则和底线的基础上灵活、适当地运用各种技巧和策略，就能很好地应对各类谈判对手，并能化解各种冲突，在谈判中取胜。

第十章 家庭情商提升技巧：幸福家庭 需要高情商浇筑

　　一个美好幸福的家庭离不开家人的共同经营。现实生活中，很多人的婚姻是失败的、很多人的家庭是不幸的。大多数是因为彼此没有考虑对方的感受、不懂如何爱人、不懂如何经营家庭。具备高情商的人总能掌握家庭经营的方式和方法，增加自己的吸引力和魅力，提升家庭成员的幸福指数。

婚姻中夫妻应当换位思考

很多人认为结婚后夫妻生活过得不幸福，失去了以前的浪漫，是因为对方不像婚前爱自己。事实上，造成这种现状的一个很重要原因就是，婚后生活十分琐碎，夫妻双方在处理家庭问题时没有站在对方的立场上考虑问题。

换位思考看似简单，能真正做到的却寥寥无几。

张玲已经是两个孩子的妈妈，结婚后丈夫觉得张玲变成了一个爱唠叨的人，每天回去唠叨他不顾家、没本事。起初丈夫还回应几句，后来烦了就直接不搭理她。有一次两人吵架后，丈夫一气之下摔门而出。张玲到处打听丈夫的下落，不在朋友家，公司那边告知其丈夫处于请假状态。后来婆婆打来电话，说丈夫回了乡下。

张玲把孩子交给亲戚后，连忙赶到了乡下。在与婆婆聊天中，张玲才知道，丈夫这几天工作出了点状况，本来心情就不好，再加上张玲的唠叨，就一气之下走出家门。张玲意识到是自己的问题，是自己没有体会到丈夫的难处，便主动找丈夫聊天，宽慰丈夫。此时，丈夫也非常诚恳地说："其实我也有问题，我总认为自己工作累却得不到你的体谅，其实是我忽视了你的难处，你每天下班后还要接孩子，给孩子洗衣做饭，这些本来是两个人的事情，却全部让你一个人承担。我这次一声不吭就回了老家，让你担心了，下不为例。走！咱回家。"

如果一开始，张玲和丈夫都能换位思考，站在对方的立场上体谅对方的难处，就不会有双方闹矛盾的局面。换位思考是一种能力，它能有效减少家庭矛盾和烦恼。

那么夫妻之间该如何换位思考呢？

1. 有换位思考的意识

夫妻双方在一起生活，需要将换位思考意识输入自己的潜意识当中。这样，无论发生什么事情，彼此都能快速站在对方的立场上思考问题。

2. 培养沉着冷静的习惯

习惯一旦养成了就很难改变。因此，要在平时养成沉着冷静的习惯。在夫妻之间遇到矛盾和问题的时候，让自己快速冷静下来，用理智战胜烦躁情绪，然后做换位思考。否则，一遇到事情就暴跳如雷，矛盾势必会进一步加深，进而形成不可控的局面，最终让自己后悔不已。

3. 角色互换去想象和体验

夫妻双方在家庭中各自扮演着一定的角色，在实际生活中，如果没有彼此的经历，是很难体会到对方的难处的，也很难理解对方的痛苦和无奈。如何化解这种局面呢？最好的方法就是进行角色互换。只有你扮演对方的角色去想象，甚至去亲身体验对方每天经历的一切，才能真正明白对方的感受。

很多时候，我们听到别人抱怨自己的家庭生活过得多么不如意。这些自以为的不如意，却是因为对对方的片面认知造成的。那些具备高情商的夫妻，生活之所以美好、婚姻之所以幸福，多半是因为他们更加懂得婚姻中需要从对方角度去思考问题。因为他们懂得，换位思考才不会冲动；换位思考才不会片面。

最好的婚姻是共同成长

许多人认为，最好的婚姻就是两个人能够天长地久、白头到老。的确如此。但这需要一个前提，那就是两个人的各方面都能够彼此契合，否则即便白头到老，也是将就着到白头。

各方面都契合是美好婚姻的最高境界。这种境界并不是随随便便就能达到的，需要夫妻双方共同努力、共同成长才能实现。情商越高的夫妻，越能清晰地认识到这一点。

张岚婚前是一位十分干练的职场女性，与丈夫陈吉结婚后，便放弃了事业，成为一名家庭主妇。而陈吉通过不断的努力，事业蒸蒸日上，成为公司高层。

结婚以前，他们在一起谈论工作，张岚总能出乎意料地给陈吉很多建设性的意见，而如今陈吉每天一回家，张岚和他聊的都是家里那点琐事及孩子学习的事情，他与她谈工作方面的事情，她总是不知道他在说什么，搭不上话。看着眼前整日衣着不得体、只会关心孩子学习、口中只谈论柴米油盐的张岚，陈吉开始有些厌倦。

一天，因为孩子上学的问题，张岚和陈吉大吵一架后，陈吉突然提出离婚。张岚在低三下四地和丈夫沟通之后，陈吉给出的原因是感觉和张岚越来越远。张岚原本也是一个十分有傲骨的人，便下定决心，两人最终离婚。因为张岚没有工作，毫无经济来源，所以孩子由陈吉抚养。

离婚后，张岚重新走向职场，凭借自己的努力，再加上好学，很快成长为职场精英。

一次偶然的商务谈判中，陈吉发现张岚在一年时间里已经成为对方公司里的出色人物。再次看到张岚在职场中干练、果敢的身影，陈吉突然感觉自己当初提出离婚是一个错误的决定。

张岚婚后完全成为一名家庭主妇，每天被家庭琐事牵绊，在节节高升的丈夫陈吉眼中，张岚婚后不但没有丝毫进步，甚至到了"整日衣着不得体、只会关心孩子学习、口中只谈论柴米油盐"的地步。

如果两个人思想、观念差异太大，即便当初两人是别人眼中天造地设的一对，也经不住岁月的磋磨。无法共同进步的夫妻，终将被另一方淘汰。

杨澜曾经说过这样一句话："婚姻最坚韧的纽带不是孩子，不是金钱，而是精神上的共同成长。"情商高的女人即便做家庭主妇，也会做一个经济独立、能和丈夫"并肩作战"的女人。这样的女人能够得到丈夫更多的依赖，这种依赖不仅是家庭方面，还包括工作方面。女人从决定成为家庭主妇那天起，千万不要把自己的位置定义为一个简单的被家务所累的家庭主妇，而是要持续学习，充实自我，夫妻双方实现共同成长、共同进步。这一点对于丈夫来讲，同样适用。

那么如何才能做到夫妻双方共同成长呢？

1. 共同学习

万事万物都在不断变化，恋爱时的一拍即合，在婚后未必能够继续维持。婚后双方共同学习、共同成长、共同激励，才能让婚姻长久合拍。这里的学习并不是指单一地看书、长知识，还包括兴趣、爱好、阅历、见识等。

2. 共同分享

每个人所处的环境不同，每天的见闻和学到的东西也有所不同。夫妻之间每天可以把各自的所见、所闻、所感、所想分享给对方，并通过深入沟通和交流，达到共同学习、共同进步的目的。

3. 为共同目标努力

夫妻是家庭中最好的合作伙伴，创造美好家庭就是他们共同努力和奋斗的目标。夫妻共同的目标可以是买车、买房、对孩子的教育、旅行、文娱爱好等，这些共同目标只有先后之别，没有高低之分。有了这些共同目标，夫妻二人才会有更多的沟通和心灵碰撞，并为了追求这些共同目标而不断努力和成长。

人人都向往和谐、美好的婚姻。具备高情商的夫妻在生活中磨合时，会想方设法让彼此保持同频、共同成长，让自己的婚姻越来越幸福。

美满的婚姻需要进退有度、收放自如

这个世界上没有不吵架的夫妻，也没有不闹矛盾的两口子。当你回过头来会发现，其实吵架和闹矛盾大多是因为一些家庭琐事。有时候因为一顿饭做咸了，有时候因为一双鞋没放好，有时候因为一句无关紧要的话。

有的人吵过一架后，过一会儿就像什么事情都没发生，有说有笑；有的人吵完后，心里就像堵了一块大石头一样沉重，越想越憋屈，越憋屈越想吵，就这样陷入无限的恶性循环当中，最终把自己的婚姻吵没了。

在爱情里，越是想要争个对错、拼个你死我活，到最后让自己越受伤。那些高情商夫妻，他们的婚姻之所以能够长久和美满，是因为他们在相处过程中做到了进退有度、收放自如。

在婚姻中，如何做到进退有度、收放自如呢？这里重点分享三点：

1. 正确认识自我

在夫妻关系中，彼此都是平等的。如果你能明白这一点，并能客观认识自我，那么你就能在与对方相处的过程中顾及对方的感受。

如果你一味地高看自己，觉得自己是一个高高在上的人，用过分强势的方式来压制对方，就会把对方压得喘不过气来。这种咄咄逼人、不懂让步的相处方式也是压倒婚姻、使得婚姻难以维系的重要原因。

如果你总是低估自己，就会把自己卑微地放在夫妻关系中，处处讨好对方、向对方让步，久而久之，你就沦为了感情的傀儡。这种唯唯诺诺的相处方式，最终让你在婚姻中失去了最后的底线，成为婚姻中的失败者。

张萌是一名律师，她具有超强的分析能力和判断能力，因此在业界有很高的口碑。但这个优势也成为她在婚姻经营过程中的劣势。

张萌具有极强的洞察能力，在这一能力下，丈夫的任何举动都能被她轻松洞察到背后的心理，而且她还总是喜欢高高在上地命令丈夫说出自己心里的想法，以证实自己的判断。起初，丈夫即便不情愿，也总是配合她。但时间久了，丈夫实在难以忍受，便和张萌吵了起来。丈夫认为自己在张萌面前像个透明人一样，每天活得没有任何空间而言。但张萌并不以为然，反而认为丈夫对她的爱已经不再像从前。就这样，双方吵架次数越来越多，矛盾越来越深，最终以离婚收场。

生活中，张萌依然用本职工作中的那一套思维方式与丈夫相处，把自己放在高处来审视丈夫的内心，这完全触动了丈夫的底线，严重影响了丈夫的心理。当这些问题积攒到一定程度时，婚姻破裂便成定局。

因此，一定要摆正自己的位置，既不要高估自己，也不要低看自己，这是你在婚姻中能够进退有度、收放自如的根本。

2. 合理控制情绪波动状态

夫妻双方争吵是再寻常不过的事情。在争吵过程中，双方的情绪都会产生激烈的波动。人一旦被情绪所操控，言谈举止就会变得不可控，所以此时不要指望自己会说出什么体面的话、做出什么有风度的事情。你急需做的事情就是先让自己冷静下来，合理控制自己当前的情绪，控制当前的局面。等到合适的时机再去好好沟通和交流，然后尝试着这次试用你的方法，下次试用我的方法，看谁的方法更加有用。大家都有可进可退的空间，也能更好地明白对方的心意。

很多人就是因为没有理性看待和对待婚姻，没有及时控制住自己的情绪，说出了伤害对方的话语，做出了伤害对方的事情。事后，当自己因此而后悔，想要挽回局面时，却发现，因为一时冲动，没有控制好自己的情绪，贪图一时争高下的痛快，葬送了原本幸福的婚姻。

婚姻就是这样，两个人懂得何时进何时退、何时收何时放，才能让彼此在婚姻关系中和谐共进。这也是高情商夫妻的相处之道。

互相尊重才能提升婚姻幸福指数

婚姻是两个原本没有血缘关系的人因为爱情而走在一起之后建立的。但相互尊重才是两人建立亲密关系的基石，是婚姻幸福与否的关键。

著名心理学家艾瑞克·弗洛姆曾提出："没有尊重的爱是控制生活，很多家庭问题、矛盾都是因没有互相尊重而繁衍出来的。"家庭和睦的高情商做法就是彼此都以一种平等的姿态来对待爱人，给对方以尊重，基于此，夫妻双方的感情才会越来越融洽，家庭幸福指数才会有所提升。

杜艳在丈夫生日来临之际，因为没时间逛街购物，就在网上给丈夫买了一条知名品牌的腰带。生日那天，杜艳将腰带送给了丈夫。丈夫得知是网购产品，便一口咬定是假货。杜艳凭借多年的网购经验，坚信在官网购买的产品，一般不会有问题。为了这条腰带，杜艳和丈夫大吵了一架。

更让杜艳生气的是，丈夫居然背着她偷偷把腰带退了。杜艳觉得，即便自己在网上买的，也是自己花时间用心挑选的，不论腰带真假，最起码是自己的一片真心诚意。丈夫的这种举动，辜负了自己的真心，让自己感觉受到了极度的不尊重。为此，一条腰带让杜艳和丈夫冷战了好几天。

　　婚姻生活中像这样鸡毛蒜皮的事情不在少数，让对方认为自己所付出的一切没有得到应有的尊重的情况也很多。这正是导致夫妻不和睦的原因之一。

　　树叶是一天天变黄的，人心是一天天变凉的。长久得不到应有的尊重，只会让彼此之间的矛盾被无限放大。尊重彼此是爱的体现，尊重彼此也是各种矛盾化解的有效方法。

　　如何才能在婚姻中尊重对方呢？以下是几种高情商做法：

1. 尊重对方的工作

　　有的夫妻双方在一起工作，但绝大多数夫妻不在一起工作，隶属于不同的工种。但无论如何，每一个工作岗位都应得到应有的尊重。不要因为工作的差异而不尊重对方的工作和职业，这是极其错误的。无论对方从事什么工作，都要给予其支持和帮助。这是对其工作最大的尊重。

2. 尊重对方的劳动

　　夫妻生活在一个家庭，就要尊重对方的劳动成果。对方辛苦做的一顿饭、收拾整洁的屋子、拖得干净的地板……都是对方劳动后的结果。如果对方的所有努力付出得不到丝毫的尊重，会给其内心带来伤害。不要吝啬你的赞美之词，这是对对方劳动成果的尊重和认可。

3. 尊重对方的兴趣爱好

　　能遇到一个与自己兴趣爱好相同、三观相同，并与自己相处和谐的伴侣是最完美的。但这样的情况少之又少。绝大多数夫妻的兴趣爱好是不同的。要想长久而融洽地相处，就需要彼此尊重对方的兴趣爱好。高情商的做法是不过分强求对方迎合自己的喜好，不干涉对方追求自己的喜好，学会接纳对方的喜好，尝试爱上对方的喜好，成为志同道合的人。

4. 尊重对方的隐私

很多夫妻喜欢查对方的手机，有的人不介意，有的人却对此十分反感。夫妻关系虽然是一种亲密关系，但也要尊重对方私人的空间。过分要求对方、过分压缩对方的私人空间，只会让两人之间产生压迫感。因此，尊重对方的隐私、认可对方的私人空间，让婚姻关系在轻松的氛围中长久持续下去。

5. 尊重对方的选择和意愿

夫妻之间要互相尊重，更要尊重对方的选择和意愿。融洽的夫妻关系需要把握一定的尺度，过分干涉对方，看似关心对方，实则给对方带来一种精神绑架的感觉。每个人都有自己选择、自己做主的权利，过度干涉对方，即便初心是好的，也会产生适得其反的效果。高情商的做法是在遇到事情的时候，给对方最好的建议，但要尊重对方的选择。

互相尊重是幸福婚姻中不可或缺的因素。要想使得家庭幸福指数不断提升，就要学会相互尊重。两个人共同经营一个家，遇事共同商量，而不是一方发号施令，另一方唯命是从，这样的婚姻是不会幸福的。

高情商父母用表率作用影响孩子一生

孩子的情商影响孩子的未来。孩子情商的高低很大程度上取决于父母。父母是孩子的启蒙老师，父母的一言一行，孩子都看在眼里。

长久以来，父母如果遇事能保持乐观向上的心态，孩子也会耳濡目染，开朗乐观，那么这样的孩子很可能也会有高情商；如果父母遇事情绪暴躁难以自控，孩子也会变得遇事情绪激动，焦虑不安，那么这样的孩子情商也不会高到哪里去。

显然，正是父母的言传身教，才导致孩子情商上的差异。高情商父母的表率作用影响孩子的一生。

那么高情商父母该如何给孩子做表率呢？

1. 严格控制自己的情绪

身为父母，在亲子关系中扮演着重要角色。想要教育和引导孩子，提升孩子的情商，父母首先要严格控制自己的情绪。

（1）改变不合理观念

当负面情绪产生时，首先要做的事情就是改变自己固有的不合理观念，并用合理观念取而代之。

比如，对于一件事情，孩子与父母意见相左，这并不是大难临头，而是代表着孩子已经从不成熟到成熟，有自己的思想和观点；孩子犯错并不意味孩子走上了失败的道路，犯错误是每个孩子成长路上的必经阶段，只有犯错误才能知道该如何规避错误，孩子才能得到真正的成长。

当父母能够用合理的观念来看待事情时，就会对孩子的言谈举止产生正向的情绪反应，同时为孩子提供一个良好的成长环境。

（2）调整说话语调

人在产生负面情绪时，从其语调中就能感受到糟糕的情绪和负面的信息。此时，我们可以尝试着调整自己说话的声调和语气，让语气从尖锐、锋利转变为温和、友善，这样做能够使你的情绪逐渐变得愉悦和稳定。

（3）调节面部和体态表情

面部表情和体态表情同样能从细微处体现出一个人的情绪波动情况。当你内心愤怒时，要尝试着压制内心的怒火，并面带微笑，让自己的身体慢慢放松下来，这样就不会给人一种压抑、紧迫的感觉。

在孩子面前，父母严格控制自己的情绪，不仅能让自己轻松起来，还能把一种坦然、放松的处事态度传达给孩子。

2. 坚持一贯的家教作风和修养

父母的作风和修养，对孩子也会产生潜移默化的影响。家风和修养是一个家庭中各成员的生活方式、生活态度、价值观和人生观等。孩子是否对人友善、有爱，是否乐于助人、心怀感恩等，取决于父母的率先垂范和榜样。父母的修养高，孩子的修养自然也高。

平时，爸爸妈妈都教育佳佳要学会尊老爱幼，可是佳佳听了一副似懂非懂的样子。一天，全家人坐在一起吃饭，佳佳的爸爸先夹起菜放到了佳佳爷爷和奶奶的碗里。佳佳看到了，也夹起菜，先放到了爷爷、奶奶碗里，然后又给爸爸、妈妈夹。全家人看到佳佳的举动，觉得佳佳懂事了很多。

身教重于言教。佳佳的父母有很好的作风和修养，佳佳看在眼里，也会学着父母的样子去做。从小培养孩子的作风和修养，对提升孩子的情商大有裨益。

3. 夫妻之间要相互"善待"

教育家小林宗作说："无论哪个孩子，当他出世的时候，都具有善良的品质。在他成长的过程中，会受到很多来自周围环境的，或来自成年人的影响，这些品质可能会受到损害。"在培养孩子情商的过程中，高情商父母更加懂得夫妻之间要相互"善待"，不在孩子面前吵架，不出言中伤对方、不与对方大打出手。相反，夫妻之间要相互关心，给予对方帮助。如果夫妻之间经常吵架，遇到困难时冷眼相待或互相指责，就会给孩子传递一种冷漠的信息，孩子也会变得冷漠，甚至有暴力倾向。

孩子原本就像一张白纸一样纯洁，未来孩子成长为什么样子，关键在于父母在这张白纸上涂上什么颜色。高情商父母更加注重通过以身作则的方式培养孩子的情商。

情绪教育：温和引导比强力控制更加有效

很多孩子在成长阶段会出现情绪崩溃的情况，他们可能会因为一件小事没有得到满足就急躁不安、大哭大闹。比如想要一件玩具，爸爸妈妈没有买，便会撒泼打滚；小朋友没有把他的零食与自己分享，便会暴跳如雷；喜欢的玩具不小心被自己摔坏了，便直接生气地把玩具踹到很远的地方；等等。

之所以会出现这样的情况，是因为父母没有意识到"情绪教育"的重要性。不少家长遇到孩子情绪失控时，要么大声呵斥，让孩子"闭嘴"；要么直接挥手打孩子，制止孩子哭闹。这两种强力控制的做法，其实都会影响孩子情商的发展，影响孩子的未来。

所谓"情绪教育"，简单来说，就是通过温和的引导和教育，培养孩子养成良好的情绪自我管理能力。每个人都有情绪，或是正面的，或是负面的，这是一种接近于本能的条件反射。情绪教育可以更好地帮助孩子完善人格，用科学的方法调节情绪，从负面情绪中走出来。

父母如何用"情绪教育"来培养孩子的情商呢？

1. 认识并感受自我情绪

孩子是难以认识到自我情绪的，家长应当帮助孩子更好地认识自我情绪，使其更好地掌控自己的情绪，形成稳定的性格。

事实上，那些容易情绪失控或者阴晴不定的孩子，往往缺乏安全感，这是他们情绪波动的主要原因。他们首先要做的是学会感受自我情绪。

如何让孩子认识并感受自我情绪呢？

操作方法是：

第一步：家长与孩子对话，让孩子认识到各种情绪，并说出自己此时的心理感受。

第二步：家长积极引导孩子知道自己当前的情绪是好还是坏。

以上两步有利于提升孩子的情绪敏感度。

2. 找出情绪化根源

没有人会无缘无故地发脾气，也没有人会莫名其妙地情绪化，我们要学会找到孩子情绪化的根源。

操作方法是：

第一步：在孩子发脾气、有情绪时，家长要平心静气地与孩子探讨是什么事情让孩子情绪爆发。

第二步：引导孩子厘清整个事情的来龙去脉，帮助孩子透过现象分析其情绪波动的根本原因。

学校举行跑步比赛，楠楠想要赢得第一名，比赛那天非常激动。但比赛后，楠楠没有取得第一名，而是获得了倒数第二名。楠楠因为接受不了这个现实，便情绪极不稳定，大哭了起来。

妈妈看到这种情形，走到楠楠面前，蹲下来摸着楠楠的头，温和地说："你知道你为什么要大哭吗？"楠楠回答说："我要赢第一，却拿了个倒数第二。"妈妈又说："那你觉得你在这里大哭，成绩就能从倒数第二变为第一吗？"楠楠摇了摇头。妈妈又说："既然大哭不能让你下次拿第一，我们不如好好想想这次比赛我们为什么输掉了第一。"楠楠擦了擦眼泪，很快不哭了，回答道："好。"妈妈便开始和楠楠认真分析起来："楠楠在开始跑的时候，处于靠前的位置，在跑了一半的时候，已经超过了很多小朋友。但快到终点的时候，楠楠不小心摔倒了……"楠楠急忙说："对，就是因为摔倒了我才没有拿到第一。""嗯，妈妈也看到了，前边楠楠发挥得很不错，但后边似乎楠楠跑得有些着急了，所以才不小心摔倒的。对吗？"楠楠点了点头："是的。""那我们已经知道自己的问题出在哪里，是因为着急，所以下次在比赛的时候只要我们不着急，正常发挥就可以。失败不可怕，可怕的是你没有勇气进步。只要你下次比这次的成绩提前一名，那么在多次比赛后，你终将能够取得第一名。对吧？"楠楠目光中充满了自信，坚定地对妈妈说："嗯，妈妈我懂了。"

楠楠妈妈没有因为孩子大哭而用大声呵斥的方式制止孩子。而是通过循循善诱的方式帮助楠楠找出其情绪失控的根源，然后逐步分析失败背后的原因，最后给孩子加油打气，让孩子重拾信心。

　　像楠楠妈妈这种情绪教育方式，使孩子走出了悲伤，让孩子学会了管控自我情绪，很好地培养了孩子的高情商，对孩子未来的成长大有裨益。因此，任何时候都不要忽视孩子的情绪，也不要忽视对孩子的情绪教育。温和引导比强力控制更加有效。

高情商儿媳懂得在坚持原则的基础上适度退让

　　人们常说"家和万事兴"。在家庭生活中，夫妻感情再好，婆媳关系没捋顺，原本好的夫妻关系也难以维系。婆媳关系是否融洽，直接决定了这个家庭未来的走向。

　　婆婆与儿媳妇之间本没有血缘关系，是两个完全陌生的女人。两个人共同爱着一个男人，她们因为这个男人才有了交集，也因此使得彼此的关系变得微妙起来。高情商儿媳妇在处理婆媳关系时，往往能够在坚持原则的基础上适度退让，做到既不吃亏，也不失底线。

1. 表明立场，坚持原则

　　在与婆婆相处的过程中，想把婆媳关系当作母女关系，是一个美好的愿望。儿媳妇尊重婆婆，喊婆婆一声"妈"，对婆婆以礼相待，一来因为婆婆是长辈，二来因为丈夫才会爱屋及乌。但尊重和以礼相待并不意味着无限度的忍让和退让，这会让你逐渐在与婆婆相处的过程中失了底线。现实生活中，越是软弱的儿媳妇，婆婆越是爱挑剔。

为了避免日后发生矛盾自己吃大亏，不如在开始相处的时候就表明自己的立场，并在相处的过程中能够处处坚持自己的原则。这样，婆婆看到了你的立场和底线，也就不会有过分的要求和举动。这是对自己的一种保护，也是对婆媳关系的一种维护。要知道，你在婆家的地位是要靠自己争取的，而不是靠一味忍让和妥协来获得。

蒋婷生完孩子，为了赚更多的奶粉钱，产假刚过就准备回去上班了。丈夫提议接孩子的奶奶来照顾孩子，这样两人就没有后顾之忧了。蒋婷同意了。

婆婆从乡下来的第一天，蒋婷给婆婆买了好几件衣服，婆婆心里十分开心，说："给我买这么多衣服真是破费了。"蒋婷说："看您说的，我们给您买几件衣服那还不是应该的，何况您还来帮我们照顾孩子。"婆婆一听，心里更加开心，认为儿子娶了个懂事的好儿媳。看着婆婆挺开心的，蒋婷继续说："说起照顾孩子，现在的人和以前的人带孩子观念不一样，我希望咱家的孩子能够用现在的观念、用科学的方法去带，您觉得怎么样呢？"婆婆听后，觉得蒋婷说的也有些道理，又这么客气地征求自己的意见，便连连点头说："好好好，咱就用科学的方法带我的大孙子。"

此后，婆婆从未与蒋婷红过脸，即便在照顾孩子的问题上出现分歧，也都按照蒋婷的方法去做了。一家人在一起相处得非常和睦。

　　蒋婷其实是一个高情商女性，她在处理婆媳关系的问题上，看似征求婆婆的意见，实则率先摆出自己的立场。这种硬中带软的方式，既使婆婆欣然接受，又保证了自己的家庭地位。

2. 会说软话，适度退让

　　高情商儿媳妇在坚持原则的基础上，还懂得不与婆婆硬碰硬，而是在矛盾苗头出现之前，就尝试和婆婆说软话，进行友善沟通。这样做看似在低头让步，实则是以退为进。如果两人都用语言攻击对方，只会让彼此的关系更加恶化，甚至到了不可挽回的地步，结果影响的还是自己的婚姻。伸手不打笑脸人，如果适当说一些软话，态度稍微柔和一些，即便性格刚硬的婆婆，内心也会被软化，结果就会完全不一样。

　　一家人过日子，婆媳关系很重要。要想处理好婆媳关系，就要懂得有进有退。高情商儿媳妇的做法是：尊重却不妥协，退让却不示弱。